獣医学教育モデル・コア・カリキュラム準拠

獣医事法規

― VETERINARY LAW ―

監修 池本 卯典　吉川 泰弘　伊藤 伸彦

緑書房

はじめに

　日本における獣医制度の幕明けは，明治18年の太政官布告による獣医免許規則の公布にはじまる。以来，獣医師，獣医療ならびに獣医学教育の諸制度は，20世紀のあいだに幾度か変革が重ねられ，今日の獣医事関連制度を構築してきた。特に，獣医事制度の平成維新ともいえる獣医療法の制定（平成4年5月20日法律第46号）と獣医師法の改正（昭和24年6月1日法律第186号　平成19年6月27日最終改正）は，社会の要望に応え，獣医学および獣医療における国際化への基礎づくりに寄与している。

　かつて，獣医学教育における獣医事関連法規の論考は，ややもすると獣医師法や獣医療法および薬事法，公衆衛生関連法規の逐条解説程度に終わることが少なくなかった。

　本書は新獣医学教育の共通到達目標を定めた獣医学教育モデル・コア・カリキュラムに沿って構成したものである。その全体目標は「獣医師が必要とする獣医事関連の諸法規の基礎および概要（理念，目的など）を理解する」としている。構成項目は，まず法律を学習するにあたり必要とする法律の基礎知識と概念，獣医師法および獣医療法の理念と概要をもって導入部とした。次いで，諸般の獣医療行為に必要とされる関係法規の概要などを専門領域別に記述した。これは，学生が参加型臨床実習前に修得するよう配慮された学習計画である。

　21世紀に入り，日本の獣医学教育，獣医療を取り巻く環境は著しく変化してきた。動物のステータス向上，動物由来食品の安定供給，身体障害者補助犬，社会活動動物，実験動物，学校飼育動物などをはじめ，さらに，医療や情操教育の場における動物の参加も期待されている。また，獣医療には，動物の長寿化による疾病構造の変化，被災動物の救護，人獣共通感染症の対策などの問題もあり，法的戦略の検討をせまられ規制が強化されつつある。なお，高度獣医療，獣医療事故，獣医療経営，最近では再生医療などについては相次いで法律が設けられている。今後も獣医学教育上のニーズや社会的要請に応じて，新しい法規の制定や採録，現行法規の取捨選択は必須となるであろう。

　獣医事法規は従来，獣医学生にとっては関心の薄い科目であったと思われる。しかし，獣医事法規は，獣医倫理や動物福祉などとも密接に関係する社会科学であり，鋭意学習を続け，理解を深めるよう期待してやまない。

　最後に，分担執筆をしていただいた諸先生方に厚く御礼申し上げる。

平成25年5月

監修者を代表して　池本　卯典

監修者および執筆者一覧

監修

池本　卯典　日本獣医生命科学大学

吉川　泰弘　千葉科学大学

伊藤　伸彦　北里大学

執筆者　五十音順

池田　秀利　日本獣医生命科学大学　　第9章

池本　卯典　上掲　　第1章（1-4を除く），第4章（4-8を除く），第5章，第6章，第10章

諏佐　信行　北里大学名誉教授　　第8章

藤田　道郎　日本獣医生命科学大学　　第4章（4-8）

牧野　ゆき　日本獣医生命科学大学　　第1章（1-4），第2章，第3章，第7章

獣医事法規

モデル・コア・カリキュラム　全体目標

獣医事法規では，獣医師が必要とする獣医事関係の法規の基礎および概念（理念，目的など）を理解する。

　共用試験ではモデル・コア・カリキュラムに記載されている講義科目51科目すべてが対象となりますが，このなかで共用試験には出題されない到達目標に advance マークを付しました。モデル・コア・カリキュラムはすべての獣医学生が卒業までに習得しなければならない学習項目を明示したものですが，試験という手段でその到達度を測る必要がないもの，さらに総合参加型臨床実習の進行とともに学習してもよいものをマーク付けの対象項目としました。

獣医事法規

目 次

はじめに	3
監修者および執筆者一覧	5
獣医事法規　モデル・コア・カリキュラム	
全体目標	6

第1章　法規の概念　12

1-1. 法規の概念とその意味　12
1-2. 法規の理念と構成　12
1. 憲法　12
   1) 効力の絶対性　13
   2) 法的安定性　13
2. 法律　13
   1) 公布　13
   2) 施行　13
3. 条約　13
4. 命令　14
   1) 政令　14
   2) 内閣府令・省令　15
   3) 外局の規制　15
   4) 独立機関の規則　15
5. 自治法規　15
6. 慣習法　16
1-3. 法の解釈　16
1. 法規的解釈　16
2. 学理的解釈　16
   1) 文理解釈　17
   2) 論理解釈　17
1-4. 法源の概要　18
1. 法源とは　18
   1) 制定法　18
   2) 慣習法　18
   3) 判例法　18
   4) 条理　18

2. 実定法の分類　18
   1) 成文法と不文法　18
   2) 公法と私法　19
   3) 一般法と特別法　19
   4) 実体法と手続法　19
   5) 強行法規と任意法規　19
3. 特別法優先と後法優位の原則　19
   1) 特別法優先の原則　19
   2) 後法優位の原則　19

第2章　獣医事関係法規の多様性　24

2-1. 獣医事関連法規　24
1. 獣医師法(昭和24年6月1日法律第186号)　24
2. 獣医療法(平成4年5月20日法律第46号)　24
2-2. 薬事関連法規　25
1. 薬事法(昭和35年8月10日法律第145号)　25
   1) 毒劇薬に関する規制　25
   2) 要指示医薬品の販売　25
   3) 動物薬事監視員による薬事監視　25
   4) 副作用等の報告　25
   5) 使用の禁止　25
   6) 動物用医薬品の使用の規制　25
2. 麻薬及び向精神薬取締法(昭和28年3月17日法律第14号)　26
3. 覚せい剤取締法(昭和26年6月30日法律第252号)　26
2-3. 家畜衛生行政関連法規　26
1. 家畜伝染病予防法(昭和26年5月31日法律第166号)　26
   1) 獣医師による家畜伝染病などの発生の

届出 26
　2. 牛海綿状脳症対策特別措置法（BSE対策特別措置法）（平成14年6月14日法律第70号） 26
　　　1）獣医師の届出義務 26
　3. 飼料の安全性の確保及び品質の改善に関する法律（飼料安全法）（昭和28年4月11日法律第35号） 27
2-4. 公衆衛生行政関連法規 27
　1. 感染症の予防及び感染症の患者に対する医療に関する法律（感染症法）（平成10年10月2日法律第114号） 27
　　　1）獣医師等の責務 27
　　　2）獣医師の届出 27
　2. 狂犬病予防法（昭和25年8月26日法律第247号） 27
　　　1）通常措置 27
　　　2）狂犬病発生時の措置 27
　　　3）狂犬病予防員 28
　3. と畜場法（昭和28年8月1日法律第114号） 28
　　　1）と畜検査 28
　　　2）衛生管理責任者 28
　4. 食鳥処理の事業の規制及び食鳥検査に関する法律（食鳥検査法）（平成2年6月29日法律第70号） 28
　5. 食品衛生法（昭和22年12月24日法律第233号） 28
　6. 地域保健法（昭和22年9月5日法律第101号） 28
2-5. 環境行政関連法規 29
　1. 動物の愛護及び管理に関する法律（動物愛護管理法）（昭和48年10月1日法律第105号） 29
　2. 廃棄物の処理及び清掃に関する法律（廃棄物処理法）（昭和45年12月25日法律第137号） 29
演習問題 30
解答 32

第3章　獣医師法 34

3-1. 獣医師法の変遷とその意義 34
3-2. 獣医師法の構成 34
3-3. 獣医師の任務 35
3-4. 名称の独占および業務の独占 35
3-5. 獣医師免許 35
3-6. 獣医師国家試験 36
3-7. 獣医師免許の取消し及び業務の停止 36
3-8. 臨床研修 36
3-9. 獣医師の義務 36
　1. 無診察治療等の禁止 36
　2. 応召義務 37
　3. 診断書等の交付義務 37
　4. 保健衛生指導義務 37
　5. 診療簿及び検案簿の作成・保存義務 37
　6. 届出義務 37
演習問題 38
解答 40

第4章　獣医療法 42

4-1. 獣医療法の意味 42
4-2. 獣医療法の目的 42
4-3. 獣医療法の構成 42
4-4. 飼育動物診療施設の定義 43
　1. 診療施設 43
　2. 飼育動物 43
4-5. 診療施設の届出 43
　1. 診療施設の開設の届出 43
　2. 開設の届出事項 43
4-6. 診療施設の構造設備の基準 43
4-7. 診療施設の管理および検査と使用制限 44
　1. 報告の徴収および立入検査 44
　2. 国の開設する診療施設の特例 44
4-8. 診療用放射線に関する規制 44
　1. エックス線診療室の届出 44
　　　1）エックス線診療室の設備構造 45
　　　2）エックス線装置の防護装置 45
　　　3）管理区域 45

- 4) 境界等における防護 ... 45
- 2. 放射線診療従事者等の被ばく防止 ... 46
- 3. 線量の測定 ... 46
- 4. 放射線診療従事者等に係る線量の記録 ... 46
- 5. 放射線診療従事者等の遵守事項 ... 47
- 6. エックス線装置等の定期検査等 ... 47
- 7. 放射線障害が発生するおそれのある場所の測定 ... 47
- 8. 記帳 ... 48
- 9. 事故の場合の措置 ... 48
- 10. 放射線診療従事者の健康管理 ... 48
- 11. 研修 ... 48

4-9. 獣医療提供体制の整備
1. 獣医療を提供する体制の整備を図るための基本方針 ... 48
2. 都道府県計画 ... 49
3. 関係団体の協力 ... 49

4-10. 資金の貸付 ... 49

4-11. 獣医療の広告
1. 獣医療広告 ... 49
2. 広告の制限 ... 50
3. 広告が可能な参考例 ... 50
4. 専門科名 ... 50
5. 広告制限の特例 ... 50
6. 経歴などに該当せず広告の許される例 ... 51
   - 1) 経歴に該当しない例 ... 51
   - 2) 技能，療法，経歴に該当しない例 ... 51

4-12. 罰則
1. 罰則規定 ... 51
2. 問題点 ... 51

4-13. 獣医事関連保険制度
1. 獣医師賠償責任保険の概要 ... 52
2. 保険加入 ... 52
   - 1) 管理者獣医師（普通契約） ... 52
   - 2) 勤務獣医師（勤務獣医師契約） ... 52
3. 保険金支払い ... 52

4-14. 家畜共済保険 ... 53

4-15. 動物損害補償保険 ... 53

付説 獣医療と契約 ... 54
1. 獣医療における契約の法的根拠 ... 55
   - 1) 獣医療契約 ... 55
   - 2) 医療における契約 ... 55
2. 契約の開始および終了と効果 ... 55
3. 委任契約（準委任契約）に伴う獣医師の責務 ... 56
   - 1) 善良なる管理者としての注意義務 ... 56
   - 2) 診療経過の説明と指導義務 ... 56
   - 3) 再診・転医の勧告（セカンド・オピニオン） ... 56
4. 契約に伴う獣医師の権利 ... 56
   - 1) 診療報酬請求権 ... 56
   - 2) 主治医権 ... 57
5. 関連事項 ... 57
   - 1) 無契約診療 ... 57
   - 2) 一般事務管理 ... 57
   - 3) 緊急事務管理 ... 57
   - 4) 管理継続業務 ... 57
   - 5) 費用賠償請求権 ... 58

演習問題 ... 59
解答 ... 61

第5章 獣医療事故に関わる法律と予防対策 advance ... 62

5-1. 獣医療事故の意味 ... 62
5-2. 獣医療事故の分類
1. 獣医療事故 ... 62
2. 獣医療過誤 ... 62
3. 獣医事紛争 ... 62

5-3. 獣医療過誤の成立要件
1. 獣医療過誤の主観的成立要件 ... 63
2. 獣医療過誤の客観的成立要件 ... 63
3. 不作為と因果関係 ... 63

5-4. 獣医療過誤の類型
1. 技術的過失 ... 64
2. 診断の過失 ... 64
3. 治療の過失 ... 64

5-5. 獣医療過誤における責任
1. 刑事責任 ... 64
   - 1) 器物損壊罪 ... 65
   - 2) 現行刑法に対する疑念 ... 65
   - 3) 動物の愛護及び管理に関する法律（動物

愛護管理法)による責任 65
　2．民事責任 66
　　1)不法行為 66
　　2)債務不履行 66
　　3)共同責任 66
　　4)使用者責任 66
　　5)管理責任 67
　　6)獣医療契約に基づく責任 67
　　7)法律上の効果 67
　　8)請求権の消滅 67
　3．動物診療施設の自己責任 67
　　1)動物診療施設の建物, 設備などの管理責
　　　任 68
　　2)組織上の過失に基づく責任 68
　4．行政責任 68
　5．社会的責任 68
5-6．獣医療過誤の防止対策 68
5-7．裁判所の審判に関連する事項 69
　1．過失相殺 69
　2．期待権 69
5-8．裁判の仕組み 70
　1．刑事裁判 70
　2．民事裁判 70
　3．少額訴訟制度 70
　4．民事調停 70
5-9．裁判外紛争解決手続(ADR) 72
5-10．獣医師の債務不履行と民事訴訟の判
　　　例 73
　1．獣医療事故の概要 73
　2．急性腎不全を起こした雌猫の事例 73
　　1)事案の概要 73
　　2)裁判所の審理経過 74
　　3)裁判所の結論 75
　　4)考察 75
　3．獣医療訴訟の裁判例 75
演習問題 78
解答 79

第6章　獣医師のコンプライアンス advance 80

6-1．獣医師免許の停止と取り消し 80

6-2．獣医療関係者の責任 80

第7章　比較獣医事法 advance 82

7-1．諸外国における獣医学教育制度と獣
　　医師資格制度 82
7-2．獣医学教育機関の認証評価制度 83
7-3．獣医学教育のグローバル化 83
演習問題 84
解答 86

第8章　食品の安全性確保に関する法規 advance 88

8-1．食品衛生にかかわる我が国の法律 ... 88
　1．食品安全基本法と食品安全委員会 ... 88
　2．食品衛生法 90
　　1)食品衛生法の目的 90
　　2)食品などの規格・基準と食品添加物の
　　　使用基準 90
　3．食品の国際規格 92
演習問題 94
解答 95

第9章　疾病予防・制御に関する法規 advance 96

9-1．感染症対策にかかわる主な法律 96
　1．感染症の予防及び感染症の患者に対する
　　医療に関する法律(感染症法) 96
　2．狂犬病予防法 97
　3．家畜伝染病予防法 97
　4．食品安全基本法 97
9-2．重要な人獣共通感染症の予防と制御
　　のための法律, および獣医師の役割 ... 98
　1．感染症法における獣医師の役割 98
　2．狂犬病予防法における獣医師の役割 ... 99
9-3．家畜感染症の予防と制御のための法
　　律と獣医師の役割 100
　1．家畜伝染病予防法における獣医師の役割 ... 100
　2．その他の重要な家畜感染症関連法規 ... 101
　　1)特定家畜伝染病防疫指針 102
　　2)牛海綿状脳症対策特別措置法(BSE対策
　　　特別措置法) 103
　　3)牛の個体識別のための情報の管理及

伝達に関する特別措置法(牛肉トレーサ
　　　ビリティ法) ················· 103
9-4. 動物検疫に関する法律 ············ 103
　1. 感染症法による輸入禁止動物 ······ 104
　2. 狂犬病予防法による輸出入検疫義務動物 ··· 104
　3. 家畜伝染病予防法による輸入禁止地域と
　　　動物と物 ····················· 104
演習問題 ····························· 105
解答 ································· 107

第10章 獣医療関連書類作成方法 advance
·· 108
10-1. 獣医療関連書類作成の意味 ······ 108
　1. 診断書 ························ 108
　2. 診療簿および検案簿 ············ 108
　　1)診療簿の記載事項 ············ 108
　　2)検案簿の記載事項 ············ 110
　3. 出産証明書，死産証明書 ········ 110
　4. 診療簿及び検案簿の保存期間 ···· 110
　5. 処方せん ······················ 110
　6. 診療施設の開設の届出 ·········· 114
演習問題 ····························· 118
解答 ································· 119

索引 ································· 120
監修者プロフィール ··················· 127

第1章 法規の概念

一般目標：法規の種類，理念，目的，解釈，適用などに関する基礎知識を修得する。

➡ **到達目標**
 1) 法規の種類を説明できる。
 2) 不文法としての慣習，判例を説明できる。
 3) 公法と私法，実体法と手続法を説明できる。
 4) 法規の優位制，優先の原則を説明できる。

➡ **学習のポイント・キーワード**
  法律，政令，省令，内閣府令，条例，規則，判例，慣習，条理，通達，日本国憲法，条約，獣医師法，特別法優先の原則，後法優位の原則

1-1. 法規の概念とその意味

　日本の法律は，まとまった法体系を構成し，それぞれの法律は一定の領域を持つ。その法律は，分類基準に従い多様に分類されている。憲法を最高法規として，法律は立法府により制定されるが，文字により表現された成文法（制定法）が原則である。しかし，長期にわたる慣習により形成された慣習法，裁判所の判例の集積による判例法，また成文法を補足する不文法も法治国家において重要な役割を果たしている。また，法律の適用に政省令，規則は不可欠である。
　本章は，獣医事法規の修得に必要な法規の理念と領域構造，法規の解釈論ならびに法源論の概要を説明する。

1-2. 法規の理念と構成

　「法」の中心となるものは国会制定法（法律）である。そのほかに，法律の細則を定める政令（施行令），省令（施行規則），さらに地方議会が定める条例，知事や市町村長が定める規則などもある。また，判例，慣習や条理なども「法」として効力を持つことがある。行政庁の発する告知，通達や，学説などは「法」とはいえないが，法令を補って社会に影響を与える。なお，獣医師は自己の業務を果たすにあたって，法を解釈し，具体的に対応しなくてはならない。それらを考慮したうえで，法の種類と解釈に関して概説する。

1. 憲法

　憲法とは，国の組織および統治に関する基本的な事項を定めた法であり，国の最高法規である。現在の我が国の日本国憲法は，1946年に制定され日本における法令体系の頂点にある，文字どおり国家の最高法規である。
　日本の組織および統治に関する事項を定めた法律としては，日本国憲法のほかに，皇室典範，公職選挙法，国会法，内閣法，地方自治法，国籍法などがある。これらの法は，日本国憲法の規定を受け

て制定された法律である。

　上記のように憲法がほかの法令に対して絶対的に優越した地位を占める理由は，ほかの法令に比べてその効力が絶対的であること，および高度な法的安定性を備えていることによる。

1）効力の絶対性

　憲法第98条第1項には，「この憲法の条規に反する法律，命令，詔勅（天皇のみことのり）および国務に関するその他の行為の全部又は一部は，その効力を有しない」と定められており，日本では憲法の効力がほかの一切の法令より上位であることを明らかにしている。

2）法的安定性

　憲法の改正には，衆議院と参議院の総議員の2/3以上の賛成による「国会の発議」によって提案し，「国民の承認（国民投票における過半数の賛成）」を得る，2段構えの手続きが必要である。これはほかの法令の改正に比較して，きわめて厳重な手続きを必要とする。したがって，日本国憲法はほかの法令に比べて，高度な安定性と永続性とを保障されているのである。

2．法律

　法律とは日本国憲法に定めた法律のこと，すなわち，国会の議決によって制定されたものである。法律はその数・種類・性質などの点で，我が国のあらゆる法形式のうちで最も主要なものであり，その効力は憲法に次ぐ。これは，行政庁が制定する命令に対しては常に勝るものである。獣医師法，獣医療法，医師法などが法律であることはいうまでもない。

　法律が立案，準備されてから，施行されるまでの過程を図1-1に示す。

1）公布

　公布とは，制定された法令（法律に限らない）を公表して，これを一般国民が知り得る状態におくことである。この公布の方式に特別な定めはない。しかし，一般には官報，公報などの公の機関誌に登載して行うのが通例である。

2）施行

　施行とは，法令の効力を実際に発動させることをいう。なかでも法律は，その趣旨を一般国民に周知徹底させるため，公布されても直ちにその効力を発動させず，一定の期間をおいてから施行するのが通例である。法律の場合は，公布の日から起算して満20日を経て施行することを原則とし，特別に施行時期を定めたときはそれによるものとしている（法の適用に関する通則法第2条）。施行の場合は公布の場合と違い，ある法令のすべての規定が必ずしも一斉に施行されるとは限らない。

　また，法令の規定を個々の具体的な対象に対して，実際にはたらかせることを適用という。法律が適用された日よりも遡って効力を発揮させようとするときは，「施行する」といわずに「適用する」という。

3．条約

　国家と国家との関係として定めたものを条約という。法令は，国家の仕組みや，国家と国民の関係，あるいは個人の生活関係を定めたものであるのに対し，条約は，国家と国家の関係の法であり，直接

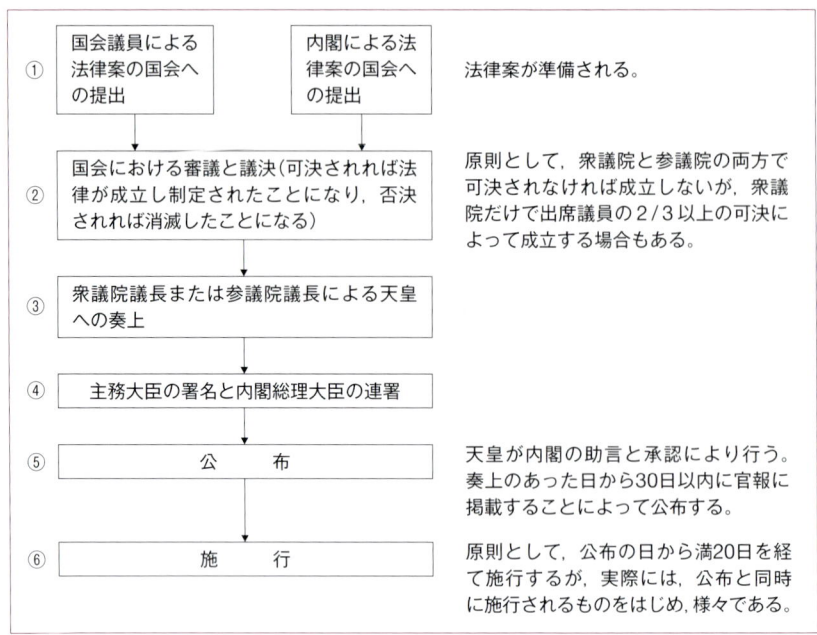

図1-1　法律が施行されるまで

に規則を受けるのは条約を結んだ国家である。この条約には「日本国との平和条約」，「日本国とアメリカ合衆国との間の安全保障条約」など「条約」という名称で呼ばれるもののほかに，「国際連合憲章」などのように，憲章，協定，協約，議定書などと呼ばれ，条約という名称のついていないものもある。

日本国憲法では，条約は内閣が締結（外国と結ぶ）することになっている。しかし，締結前，あるいは締結後に国会の承認を経なければならない。条約は国際法の一種であって，本来国内法である憲法，法律，命令などとは全く異なった法秩序を形成するものであるが，その内容が直接に国民の権利・義務に関係する場合には，事実上国内法としても効力を持つことになる。

4．命令

国会の議決を経ないで制定，公布，施行される成文法を一般的に命令という。命令は，行政庁が法律より上位の命令（例えば，省令に対する政令）を執行するため，または，法律や上位の命令による特別の委任に基づいて（法律や上位の命令の定めに基づいて）発せられる。命令は，その形式，体裁などからみれば，法律とほぼ同様である。ただしその効力は法律よりも劣り，法律の規定と命令の規定とが食い違う場合には，必ず法律が優先する。

日本国憲法では，国会は唯一の立法機関であると定められている（日本国憲法第41条）。命令によって国民の自由や権利を制限するようなことは許されない。命令で定めることができるのは，一般国民の権利および自由に直接関係ない軽易な事項だけに限られているのが通常である。

1）政令

内閣は憲法および法律を実施するために，成文法の形式をとる命令（法規命令）を制定する権限を与えられている。この命令を政令という。政令は命令のうちでも最も上位におかれ，法律に次ぐ効力を

持っている．政令には，実施しようとする内容のもととなる法律の特別の委任がある場合を除いては，罰則を設けたり，義務を課したり，権利を制限したりする規定を設けることができない．政令は閣議の決定によって成立し，法律と同様に主務大臣（例えば，獣医師に関する政令なら農林水産大臣）が署名し，内閣総理大臣が連署して，天皇が公布することになる．公布および施行の方法も法律と同様であり，獣医師法施行令や獣医療法施行令などはこの政令にあたる．

2）内閣府令・省令

内閣総理大臣が，担当する行政事務（例えば，栄典に関する事務，原子力など，ほかの各省の大臣の所管に属さない行政事務）について，法律または政令を実施するために制定する命令を内閣府令という．そして，各省大臣，例えば，農林水産大臣や厚生労働大臣などが，その主任の行政事務について，法律または政令を実施するために制定する命令を，省令という．例えば，獣医師法施行規則や獣医療法施行規則は農林水産大臣の定める省令（農林水産省令）にあたる．内閣府令および省令も，政令と同様に法律の特別の委任がなければ罰則を設けたり，義務を課したり，権利を制限したりする規定を設けることはできない．その公布は，それぞれの主務大臣が行う．内閣府令および省令の効力は，憲法，法律に対してはもちろん，政令に対しても下位である．

3）外局の規制

外局の規制とは，内閣府および各省の長（最高責任者，例えば，国家公安委員会なら国家公安委員長）が制定する命令のことである．

外局とは，内閣府および各省におかれる委員会および庁のことであり，それぞれの主務大臣の下に，本府または本省と並び立つ関係にある行政機関をいう．例えば，内閣府の国家公安委員会，公正取引委員会，宮内庁，財務省の国税庁などはこれに相当する．

外局の規制の性質は，内閣府令および省令とまったく同じである．しかし，外局の長すべてがこの規制を制定する権限を持つのではなく，法律による特別の委任がある場合にだけ権限を有するものとされている．現在のところ，このような規制の制定権は，国家公安委員会，公正取引委員会などの一部の外局の長に対して与えられているにすぎない．外局の規制の効力は，政令および省令などよりは下位である．

4）独立機関の規則

命令のうちには，前述した1）〜3）の内閣府または内閣府に直属する行政機関が制定するもののほかに，内閣府とはまったく独立した機関の発するものもある．最高裁判所，会計検査院，人事院などの制定する規則はそれにあたる．

これらの機関の制定する規則は，機関の性質上，一般国民にはあまり関係のない事柄について定められるのが通常である．その役割および地位は，政令，内閣府令および省令などと同様である．

5．自治法規

自治法規とは，都道府県，市町村などの地方公共団体の制定する法律をいう．自治法規には，条例と規則の2種類がある．

条例とは，都道府県，市町村などの地方公共団体が，その固有の自治権に基づき，それぞれの団体の議会の議決を経て制定するものである．国の法令に触れないかぎり，地方公共団体は，その事務に

ついて自由に条例を定めることができる。また，条例には一定の限度内（2年以下の懲役が最も重い刑罰）で，罰則を設けることもできる。

　規則とは，地方公共団体の執行機関である都道府県知事，市町村長などが，その権限に属する事務について定めるものである。その制定に際しては，議会の議決を必要としない。規則にも，条例の場合と同様，罰則を設けることができる。しかし，条例のように，懲役を内容とした刑罰を設けることは許されず，刑罰に代わる制裁措置として，違反者に過料を科すという規定を設けることが限度である。この点からもうかがえるように，自治法規のうち条例は重要な事柄について定め，規則は比較的軽易な事柄について定めるものである。

6．慣習法

　慣習法は，社会生活上の慣習が成文化されることなく，国家によって法として承認され，強制力を持つようになったものである。換言すれば，国家の立法機関によって制定された法ではなく，国家社会における慣習の形で存在する法である。

　日本では成文法主義がとられ，成文法以外の法は，成文法に対する補充的な効力しか認められていない。したがって慣習法は実際上，法としてそれほど重要な地位を占めていないといえよう。慣習は，公の秩序または善良な風俗に反しないもので，政令の規定によって認められたものか，または法令に規定のない事項に関するものである場合にかぎり，法と同じような効力を持つものとされている（法の適用に関する通則法第3条）。いずれにしても，日本では民法などの私法の分野においては，多少認められているが，公法分野では慣習法の成立する余地はほとんどないといってよかろう。

1-3．法の解釈

　獣医師が法律を理解し，それを具体的に適用しようとするとき，種々の困難に直面することもある。

　例えば，刑法第199条では「人を殺した者は，死刑又は無期若しくは5年以上の懲役に処する」と規定しているが，「人」とは何か，胎児を含むのかどうか，「殺す」とは何か，熊だと思って人を銃で殺した場合はどうか，といった，判断に関する様々な問題も生じる。

　そこで法の意味する事柄を正しく導き出すために，法の解釈が必要となってくる。法の解釈の方法は多様であるが，一般には法規的解釈と学理的解釈の2つに大別し，そのうち学理的解釈をさらに文理解釈と論理解釈とに分けることができる。

1．法規的解釈

　法規的解釈とは，ある法律規定の意味を明らかにするために，別の法，または別の規定が作られており，これによって法の規定の解釈がなされているものをいう。例えば，獣医師法第17条に診療対象となる飼育動物が示されているが，獣医師法施行令第2条には政令で定める飼育動物としての明記がある，といった例が該当する。

2．学理的解釈

　学問的に規定の意義を判断し，解釈を行うことである。裁判官が裁判の場で行う法の解釈もこの一種といえよう。

1）文理解釈

法文の字句を表す意味に忠実に従って，国語辞典を引きながら解釈することである。例えば「車馬通行止」という場合に，牛について書かれていないから，牛は通ってよいと解釈するのがこれにあたるであろう。

2）論理解釈

法令の文字のみにとらわれることなく，物事の道理に従って法律を解釈することである。このためには，立法目的，立法者の理念，全体の法秩序などとの調和を考慮して解釈すべきであろう。この論理解釈の方法には次の5つがある。

① 拡張解釈

法の規定の文字を，表面上の意味より広く解釈することをいう。例えば「車馬通行止」という場合に，「馬」のほかに本来「牛」のことも考えて入れているはずで，「馬」を「牛馬」の意味に広げて解釈することはそれにあたる。

② 縮小解釈

拡張解釈とは逆に，法の規定の文字を表面上の意味より狭く解釈する方法である。「車馬通行止」という場合には，同じ車でも三輪車や乳母車はさしつかえないと解釈する場合である。

③ 反対解釈

法が規定する要件と反対の要件が存在する場合に，法の規定するところと反対に解釈する方法をいう。例えば，「車馬通行止」という場合，「車馬」については規定しているが，「人」については規定していないから人が徒歩で通行するのはさしつかえないと解釈することはそれにあたる。

④ 類推解釈

似かよった2つの事柄のうち，一方についてのみ規定があり，他方については直接規定がないときに，その規定と同じ趣旨の規定が他方にあるものと考えて解釈する方法をいう。

類推解釈と拡張解釈との違いは，拡張解釈が法規の範囲内においてその意味を拡張することであるのに対し，類推解釈は直接法規がない場合にある法規の意味をその（法規外の）事項に適用することである。その具体例は，国会法第14条に，「国会の会期は，召集の当日からこれを起算する」という規定がある。このような規定のない事項についても，例えば，憲法第59条第4項の60日についても，この規定を類推適用して期間計算している。

⑤ 勿論解釈

ある法律における規定の立法目的，趣旨などから考え，ほかの場合にも，明文された規定はないが，それと同じ趣旨の規定があると解釈することが条理上当然のことであるとき，「もちろん」のことであると解釈することをいう。例えば，「車馬通行止」という場合，禁止した理由が，重くて橋が落ちる危険があるためであれば，馬車よりも重いものの通行はもちろん禁止すると解釈する場合がそれにあたる。

1-4. 法源の概要
1. 法源とは
　「法源」とは，裁判に際して基準となる法のことである。我が国には，制定法，判例法，慣習法，条理の4つの法源がある。

1）制定法
　「制定法」とは，国が制定した法である。制定法のうち，代表的なものは国会が制定する「法律」であるが，内閣が制定する「政令」，各省庁が制定する「省令」，都道府県・市町村などの地方公共団体が制定する「条例」などの法もこれに含まれる。
　制定法は，憲法-法律-政令-省令という段階的な構造をなしている（法の段階）。上位の法規に抵触する下位の法規は無効である。また，ある事柄について法で定める場合，法律で抽象的な基準のみを定め，具体的・実質的な規定は政令や省令で定めることも多い。

2）慣習法
　人々が，社会で反復継続してきた生活上の行動様式を「慣習」という。慣習のうち，人々が法意識をもって慣行し，法的拘束力を持つものを「慣習法」という。慣習法は一定の範囲で，制定法に対して補充的な意味を有する法源となる。

3）判例法
　「判例」とは，裁判の先例のことである。「判例法」とは，裁判所の判決が繰り返されることで法的拘束力を持つようになったものをいう。本来，裁判所の判決はその事件だけを拘束するものであるが，同じような事件に対して同じような判決が繰り返されると，その判決は同種の事件については事実上，法と同じように拘束力を持ち，裁判基準として機能することとなる。

4）条理
　「条理」とは，社会の大多数の人が認めている物事の考え方の筋道，道理のことである。制定法も慣習法も判例法もない場合には，裁判官は条理にしたがって判決を下すべきものとされる。このように，条理は法規範ではないが，裁判において最後の基準となるものである。

2. 実定法の分類
　「実定法」とは，社会において現実に行われ，人々を拘束する法のことである。実定法は以下のように分類できる。

1）成文法と不文法
　法には，文字で書き表された「成文法」と，そうではない「不文法」とがある。4つの法源のうち，制定法は成文法であり，一定の形式および手続きに従って公布される。判例法，慣習法，条理は不文法である。成文法優越主義をとっている我が国においては，文章で書かれ，条文の形をなす制定法が，法源として主要な役割を果たす。

2）公法と私法

「公法」とは，国家や地方公共団体と個人間の関係，あるいは国家や地方公共団体相互の関係，および国家もしくは地方公共団体の組織・活動などを規律する法領域のことである。これに対し，「私法」とは，個人間の私的生活関係を規律する法領域のことである。公法には憲法，刑法，地方自治法などが，私法には民法，商法などが該当する。

3）一般法と特別法

「一般法」とは，対象となる人・場所・事柄を具体的に限定せず，一般的に適用される法のことであり，一方「特別法」とは，特定の人・地域・事項について限定的に適用される法のことである。例えば，民法は私法の一般法であり，商法は私法の特別法である。

法の適用に関し，ある事柄について特別法の規定がない場合は一般法が適用されるが，同一の事柄について一般法と特別法のいずれにも規定がある場合は，特別法が優先的に適用されるのが原則である。これを「特別法は一般法に優先する」という。

4）実体法と手続法

「実体法」とは，権利・義務の発生・変更・消滅そのものを規定する法のことであり，「手続法」は実体法を実現する手続きについて定める法のことである。例えば民法は実体法，民事訴訟法や民事執行法は手続法である。

5）強行法規と任意法規

「強行法規」とは，当事者の意思にかかわりなく適用される法のことであり，「任意法規」とは，当事者の意思が法の規定と異なる場合，当事者の意思が優先される法のことである。公法や特別法においてはほとんどの規定が強行法規であるのに対し，私法の領域においては任意法規が多い。

3．特別法優先と後法優位の原則

1）特別法優先の原則

前述のとおり，適用領域の限定された法を特別法，相対的に広い適用領域を持つ法を一般法と呼んでいる。獣医師法や獣医療法などは適用領域が狭く，特別法といえよう。法律と法律，政令と政令とのあいだでは，特別法は一般法に優先するとされている。

2）後法優位の原則

法規の形式が同一の場合には，新しく作られた後法がそれ以前に作られた前法に優先して適用される。これを後法優位の原則という。問題となるのは特別法の前法と一般法の後法との関係である。特別の規定がない限り特別法の前法が優先すると解釈するのが通常とされている[1]。

参考文献
1) 藤木英雄ほか．法律学小辞典 増補版．有斐閣．1988．pp22，291．

資料 1-1　法体系

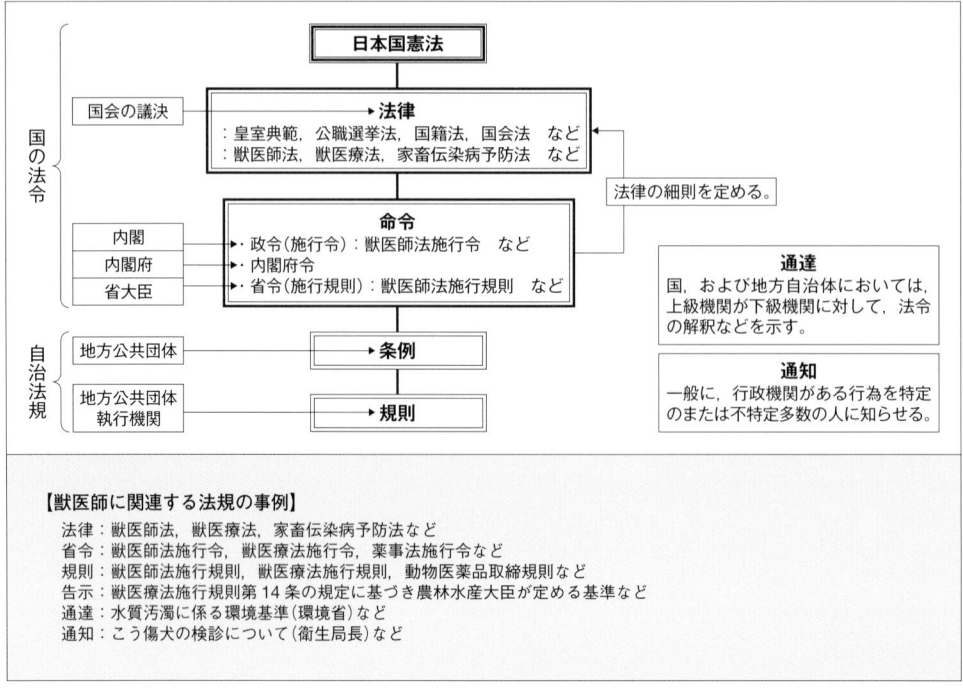

【獣医師に関連する法規の事例】
　法律：獣医師法，獣医療法，家畜伝染病予防法　など
　省令：獣医師法施行令，獣医療法施行令，薬事法施行令　など
　規則：獣医師法施行規則，獣医療法施行規則，動物医薬品取締規則　など
　告示：獣医療法施行規則第14条の規定に基づき農林水産大臣が定める基準　など
　通達：水質汚濁に係る環境基準（環境省）　など
　通知：こう傷犬の検診について（衛生局長）　など

資料 1-2　告示・通達・訓令

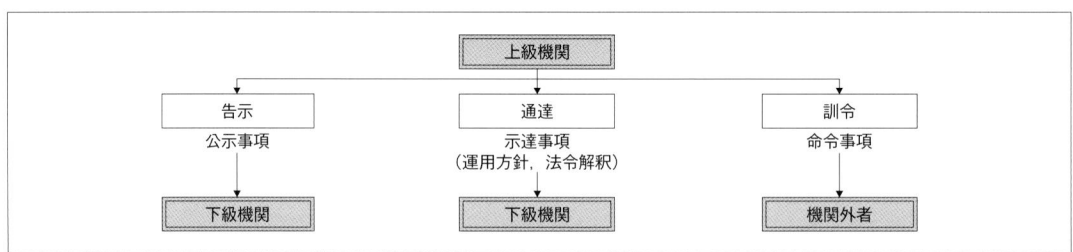

①公示
　公的な機関が公式に一般に知らせる行為をいう。行政組織法（44条1項）は各大臣，各委員会，各庁の長官は，その機関の所管事務について，公示を必要とする場合には，告示をすることができると定めている。告示は国家機関では官報，地方公共団体は公報に掲載する方法が一般的である。
　告示の法律上の性質は必ずしも一様ではない。立法の性質をもつもの，一般処分の性質をもつもの，単に通知行為などがある。告示は告示される法律上の根拠，必要性，告示の内容，告示の趣旨などを考慮してその性質を判断する。

②通達
　各大臣，各委員会，各庁の長官などが，所管する事務について所属する機関の職員に示達する手続きの一種である（行政組織法44条の2項）。通達は法令の解釈や運用の方針に係わることが多く，行政規則の性質をもつ。形式的には国民や裁判所を直接拘束するものではないが，行政実務上は極めて重要な地位を占めている。

③通知
　法律（民法）上は，意志や事実を他人に伝達することをいう。意志の通知（民法19条，153条の催告）及び観念の通知（民法467条の債権譲渡通知）などがそれに該当する。

④通知行為
　行政庁がある事項を，特定又は不特定多数の人に知らせる行為であり，準法律行為の一種である。

⑤訓令
　上級官庁が下級官庁に対して，権限の行使を指示するために，事前に発する命令をいう。原則として法規としての性質は持たず，下級の官庁を拘束するのみで，直接国民を拘束するものではない。

（藤木英雄ほか．法律学小辞典 増補版．有斐閣．1988．pp65, 205, 310．引用）

資料 1-3　許可・認可

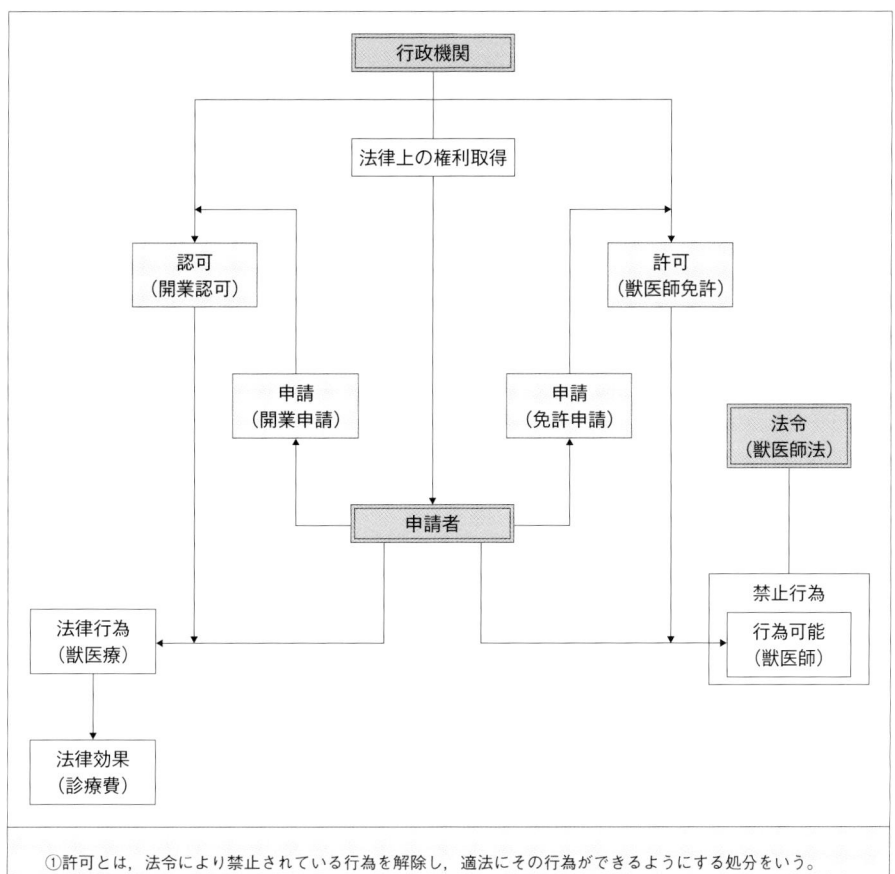

① 許可とは，法令により禁止されている行為を解除し，適法にその行為ができるようにする処分をいう。
（獣医師免許は，一般人には禁止されている獣医療行為を，獣医師免許所持者にはそれを解除して獣医療行為を許している，とした説もある。）

② 許可は，公的機関の同意によって，法律上の行為の効力が完成する場合，その同意を一般に認可といっている。

（藤木英雄ほか．法律学小辞典 増補版．有斐閣．1988．引用）

考えてみよう

1-1. 成文法について述べよ。

　　　成文法は文字で書き表された法をいう。不文法（慣習法など）の対立概念である。近代法治国家における法形式は，原則的には成文法であり，成文法は法的安定性の保持には有効である。しかし，具体的妥当性を犠牲にする傾向もあるといわれている。

1-2. 判例法について述べよ。

　　　判例とは裁判の先例のことであり，判例法とは裁判の判例の集積によって成立する法の体系をいう。効力においては，成文法が判例法より優位にある。本来，裁判所の判決は当該事件だけを拘束するものであるが，類似した事件に対して同じような判決が行われると，その判決は同種の事件について事実上法と同じような拘束力を持ち，裁判基準として機能することもある。イギリス法は判例が原則的な法源であり，制定法（成文法）は判例法にまさりその改廃力を有するが，原則として判例法を補正するに過ぎないものとされている。

1-3. 慣習法について述べよ。

　　　慣習法は，社会行動として人々が繰り返す行動様式（慣習）が，その社会構成員のなかで規範として意識されるとき，その規範を慣習法と呼ぶ。この場合の規範とは，ある行動様式からの逸脱に対して何らかの制限が加えられると観念されている状態をいう。慣習法は，制定法に対して補充的な働きをする。

1-4. 憲法と基本的人権について述べよ。

　　　基本的人権は，人間として当然持っている固有の権利であり，人権あるいは基本権という。現行憲法は第3章に国民の権利及び義務について定め，特に第11条には「国民はすべての基本的人権の享有を妨げられない。この憲法が国民に保障する基本的人権は，侵すことのできない永久の権利として現在及び将来の国民に与えられる」と定めている。

　　　ただ，その保障は公共の福祉に反しない限り認められるとされた（憲法第12条，第13条）公共の福祉の名の下に人権が制限される問題も生じている。

1-5. 特別法について述べよ。

　　　特別法は，一般法の対立概念である。すなわち，適用領域の制限された法を一般法に対して特別法と呼ぶ。また，法規の適用領域が限定されていない法を一般法，適用領域の狭い法を特別法と呼ぶこともある。例えば，民法の賃貸借規定に対して，借地法は特別法であるといわれる。同じ法形式の場合，例えば法律と法律，政令と政令では原則的に特別法が一般法に優先する。

（藤木英雄ほか．法律学小辞典 増補版．有斐閣．1988．を参考に作成）

Note

第2章 獣医事関係法規の多様性

一般目標：獣医師の役割を理解し，獣医事関係法規についてその多様性，法規の目的を理解し，獣医師制度および獣医療などとの関連性につき，その概要を修得する。

➡ **到達目標**
1) 獣医事関係法規の多様性を説明できる。
2) 医事関係法規と獣医師の関係を説明できる。
3) 薬事関係法規と獣医師の関係を説明できる。
4) 感染症予防関係法規を説明できる。
5) 食品衛生関係法規を説明できる。
6) 公衆衛生および環境関係法規を説明できる。
7) 動物愛護および福祉関係法規を説明できる。

➡ **学習のポイント・キーワード**
獣医師法，獣医師の任務，獣医師免許，獣医療法，診療施設の開設及び管理，広告の制限，薬事法，要指示医薬品，副作用報告，動物用医薬品の使用の規制に関する省令，麻薬及び向精神薬取締法，覚せい剤取締法，家畜伝染病予防法，獣医師の届出義務，牛海綿状脳症対策特別措置法，飼料安全法，感染症法，狂犬病予防法，輸出入検疫，と畜場法，と畜検査，食鳥検査法，食品衛生法，食品の安全性の確保，地域保健法，食品衛生監視員，薬事監視員，環境衛生監視員，動物愛護管理法，動物の所有者等の責任，動物による危害の防止，廃棄物処理法

　獣医師は，獣医学的技術と知識を駆使して動物や人の健康および福祉に貢献する専門職であり，その任務は広範多岐にわたる。農林水産分野，小動物臨床分野，公衆衛生分野，バイオメディカル分野，動物福祉関連分野，野生動物関連分野，国際関係分野などの職域において，獣医師の業務は多くの法規と密接な関連を有する。主なものについて以下に概説する。

2-1. 獣医事関連法規

1. 獣医師法（昭和24年6月1日法律第186号）

　この法律は，獣医師の資格法として，獣医師の任務や免許，試験，業務などについて規定する法である。この法律において獣医師とは，「飼育動物に関する診療及び保健衛生の指導その他の獣医事をつかさどる」者とされ，「動物に関する保健衛生の向上及び畜産業の発達を図り，あわせて公衆衛生の向上に寄与する」ことが期待されている（第1条）。

2. 獣医療法（平成4年5月20日法律第46号）

　この法律は，適切な獣医療を確保するために必要な事項を定める法である（第1条）。飼育動物の診療施設の開設および管理（第3条，第4条，第5条），獣医療提供体制の計画的な整備（第10条，第11条），広告の制限（第17条）などについて規定している。

　ほかの法令との関係では，獣医療施設管理者の遵守事項等（施行規則第3条第5号）として，覚せい剤取締法（昭和26年6月30日法律第252号），麻薬及び向精神薬取締法（昭和28年3月17日法律第

14号），および薬事法（昭和35年8月10日法律第145号）の規定に違反しないよう，必要な注意をすることなどが定められている。

2-2. 薬事関連法規
1. 薬事法（昭和35年8月10日法律第145号）

　この法律は，医薬品，医薬部外品，化粧品及び医療機器の品質，有効性及び安全性を確保するため，これらの研究開発，製造，輸入，販売，使用の各段階について規制する法である（第1条）。

　動物用医薬品を所管するのは農林水産省である。したがって，動物用医薬品に関しては，薬事法における「厚生労働大臣」を「農林水産大臣」に，「厚生労働省令」を「農林水産省令」に読み替える（第83条）。

　薬事法のなかで獣医療に関連する規定には，次のようなものがある。

1）毒劇薬に関する規制
　毒劇薬に関して，容器の表示（第44条），14歳未満の者その他安全な取扱いをすることについて不安があると認められる者に対する交付の制限（第47条），貯蔵及び陳列（第48条）の各規定がある。

2）要指示医薬品の販売
　薬局開設者又は医薬品の販売業者は，獣医師から処方せんの交付又は指示を受けていない者に対して，大臣の指定する医薬品を販売し，又は授与してはならない（第49条）。

3）動物薬事監視員による薬事監視
　動物薬事監視員は，動物用医薬品の製造販売業者，製造業者及び販売業者等の施設に立ち入り，未承認・未許可・不良医薬品と不正表示品の監視や，虚偽・誇大広告及び無許可販売の取締まり等の監視指導を行う（第69条）。

4）副作用等の報告
　獣医師は，医薬品又は医療機器について，その副作用等によるものと疑われる疾病，障害若しくは死亡が発生した場合や，その使用によるものと疑われる感染症が発生した場合は，農林水産大臣に報告しなければならない（第77条の4の2第2項）。

5）使用の禁止
　未承認医薬品を対象動物（牛，豚その他の食用に供される動物として農林水産省令で定めるもの）に使用することは禁止されている（第83条の3）。ただし，獣医師がその診療に係る対象動物の疾病の診断，治療又は予防の目的で使用する場合などは，例外的に使用が認められる〔薬事法に基づく医薬品の使用の禁止に関する規定の適用を受けない場合を定める省令（平成15年6月30日農林水産省令第70号）〕。

6）動物用医薬品の使用の規制
　動物用医薬品等の使用については，「動物用医薬品の使用の規制に関する省令」で，動物用医薬品等を対象動物に使用する場合の使用の時期等について使用者が遵守すべき基準が，対象動物ごとに定め

られている(第83条の4,第83条の5)。

2. 麻薬及び向精神薬取締法（昭和28年3月17日法律第14号）

　この法律は，麻薬及び向精神薬の輸入，輸出，製造，製剤，譲渡しなどについて規制する法である(第1条)。

　麻薬については，免許(第1節)，譲受け(第26条)，施用，交付及び麻薬処方せん(第27条)，廃棄(第29条)，取扱い(第3節)，業務に関する記録及び届出(第4節)，立入検査(第50条の38)等について規定している。

　また，向精神薬については，譲渡し等(第50条の16)，保管(第50条の21)，廃棄(第50条の21)，事故の届出(第50条の22)，記録(第50条の23)，立ち入り検査(第50条の38)などについて規定している。

3. 覚せい剤取締法（昭和26年6月30日法律第252号）

　この法律は，覚せい剤及び覚せい剤原料の輸入，輸出，所持，製造，譲渡，譲受及び使用について規制する法である(第1条)。

　飼育動物診療施設においては，覚せい剤の施用や所持はできない(第3条，第14条)が，覚せい剤原料については施用や所持が認められている(第30条の7，第30条の9)。そのほか，覚せい剤原料の譲渡し及び譲受け(第30条の9)，保管(第30条の12)，廃棄(第30条の13)，事故の届出(第30条の14)，立入検査(第32条)等の規定がある。

　上記のほかに，薬事関連法規には「毒物及び劇物取締法」などがある。

2-3. 家畜衛生行政関連法規

1. 家畜伝染病予防法（昭和26年5月31日法律第166号）

　この法律は，畜産の振興を図ることを目的に，家畜の伝染性疾病の発生の予防，まん延の防止，輸出入検疫等について定める法である(第1条)。また，本法に基づき，特定家畜伝染病防疫指針等(第3条の2)や飼養衛生管理基準(第12条の3)が定められている。

1) 獣医師による家畜伝染病などの発生の届出

　獣医師には家畜伝染病についての届出義務(第13条)，届出伝染病についての届出義務(第4条)，新疾病についての届出義務(第4条の2第1項)の各義務がある。獣医師はこれらの疾病を発見したときには，遅滞なく，都道府県知事に届け出なければならない。

2. 牛海綿状脳症対策特別措置法（BSE対策特別措置法）（平成14年6月14日法律第70号）

　この法律は，牛海綿状脳症の発生を予防し，及びまん延を防止するための措置について定める法律である(第1条)。

1) 獣医師の届出義務

　24カ月齢以上の死亡牛を検案した獣医師は，遅滞なく，都道府県知事に届け出なければならない(第6条)。届出のあった牛の死体については，家畜防疫員による検査が行われる(第6条第2項)。

3. 飼料の安全性の確保及び品質の改善に関する法律（飼料安全法）（昭和28年4月11日法律第35号）

この法律は，飼料の安全性の確保と品質の改善を図るため，飼料と飼料添加物の製造等に関する規制，飼料の公定規格の設定および検定等について定める法である（第1条）。

上記のほかに，家畜衛生行政関連法規には，「牛の個体識別のための情報の管理及び伝達に関する特別措置法」（牛肉トレーサビリティ法），「家畜保健衛生所法」，「家畜改良増殖法」などがある。

2-4．公衆衛生行政関連法規
1. 感染症の予防及び感染症の患者に対する医療に関する法律（感染症法）（平成10年10月2日法律第114号）

この法律は，感染症の予防と感染症の患者に対する医療に関して必要な措置について定める法律である（第1条）。本法では獣医師の義務として，次の規定を定めている。

1）獣医師等の責務
獣医師その他の獣医療関係者は，感染症の予防に関し国及び地方公共団体が講ずる施策に協力するとともに，その予防に寄与するよう努めなければならない（第5条の2）。

2）獣医師の届出
獣医師は，政令で定めるサルなどの動物が，所定の感染症に罹患している，あるいはその疑いがあると診断した場合，直ちに最寄りの保健所長を経由して都道府県知事に届け出なければならない（第13条）。

2. 狂犬病予防法（昭和25年8月26日法律第247号）

この法律は，狂犬病の発生を予防し，そのまん延を防止し，及びこれを撲滅するための措置について定める法である（第1条）。通常措置や狂犬病発生時の措置などについて規定している。なお，狂犬病の発生予防対策および狂犬病発生時の措置は厚生労働省，輸出入検疫は農林水産省が所管する。

1）通常措置
①発生予防対策

飼育犬の登録（第4条），狂犬病予防注射（第5条），鑑札と注射済票の犬への装着（第4条第3項，第5条第3項），未登録・未注射犬の捕獲と抑留（第6条）などが定められている。

②輸出入検疫

狂犬病の国内への侵入防止対策として，輸出入検疫（第7条）が定められている。本法に基づく検疫の対象動物は犬，猫，あらいぐま，きつね，スカンクである（施行令第1条）。

2）狂犬病発生時の措置
狂犬病罹患犬等を診断した獣医師の届出義務（第8条），これらの動物の隔離義務（第9条），公示及びけい留命令等（第10条），隔離された犬等の殺害禁止（第11条），犬の一斉検診や臨時の予防注射（第13条），犬の移動制限（第15条），交通のしゃ断又は制限（第16条），けい留されていない犬の抑留（第

18条)および薬殺(第18条の2)などが定められている．

3) 狂犬病予防員

狂犬病予防業務にたずさわる狂犬病予防員は，都道府県の職員である獣医師の中から任命される(第3条)．

3. と畜場法（昭和28年8月1日法律第114号）

この法律は，と畜場の経営や，食用に供する獣畜の処理について規制する法である(第1条)．と畜場の設置(第4条，第5条)や衛生管理(第6条，第7条)，作業衛生管理(第9条，第10条)，獣畜のとさつ又は解体(第13条)，と畜検査(第14条)などについて規定している．

1) と畜検査

と畜場において食用に供する目的で獣畜をと殺，解体する場合は，都道府県知事の行うと畜検査を受けなければならない(第14条)．と畜検査は，都道府県の職員の中から都道府県知事に任命されたと畜検査員が行う(第19条)．と畜検査員は，獣医師でなければならない(施行令第10条)．

2) 衛生管理責任者

獣医師は，本法に定めると畜場の衛生管理責任者になることができる(第7条)．

4. 食鳥処理の事業の規制及び食鳥検査に関する法律（食鳥検査法）（平成2年6月29日法律第70号）

この法律は，食鳥肉等に起因する衛生上の危害の発生を防止するため，食鳥処理の事業について規制し，食鳥検査制度について定める法である(第1条)．

食鳥処理業者は，食鳥を処理する場合は，都道府県知事が行う食鳥検査を受けなければならない(第15条)．また，獣医師は，本法に定める食鳥処理衛生管理者(第12条)や，食鳥検査等を実施する職員(食鳥検査員)(第39条)になることができる．

5. 食品衛生法（昭和22年12月24日法律第233号）

この法律は，食品の安全性の確保のために公衆衛生の見地から必要な規制等を行い，飲食に起因する衛生上の危害の発生を防止するための法である(第1条)．

人の健康を損なうおそれのある食品や食品添加物の販売等の禁止(第6条)，と畜場法や食鳥検査法に定める疾病にかかった獣畜や家きんの肉等を食品として販売すること等の禁止(第9条)，食品や添加物の規格基準(第11条)，農薬・飼料添加物・動物用医薬品の残留規制(第11条第3項)，厚生労働大臣の指定を受けていない食品添加物の使用等の禁止(第10条)，検査(第7章)，食品営業施設の規制(第9章)などについて定めている．また，獣医師は本法で定める食品衛生管理者(第48条第6項)や，食品衛生監視指導を行う食品衛生監視員(第30条)になることができる．

6. 地域保健法（昭和22年9月5日法律第101号）

この法律は，地域保健対策の推進に関する事項や保健所の設置等について定める法である(第1条)．

保健所には，政令の定めるところにより，所長その他所要の職員が置かれる(第10条)．獣医師は

保健所において，食品衛生監視員，薬事監視員，環境衛生監視員などに任じられている。

　上記のほかに，公衆衛生関連法規には「検疫法」，「化製場等に関する法律」，「食品安全基本法」などがある。

2-5．環境行政関連法規
1．動物の愛護及び管理に関する法律（動物愛護管理法）（昭和 48 年 10 月 1 日法律第 105 号）
　この法律は，動物の愛護を図るために，動物の虐待の防止や動物の適正な取扱い等について定めるとともに，動物による危害を防止するために，動物の管理に関する事項を定める法律である（第 1 条）。
　動物の所有者等の責任（第 7 条），動物取扱業の規制（第 3 章第 2 節），周辺の生活環境の保全に係る措置（第 3 章第 3 節），動物による人の生命等に対する侵害を防止するための措置（第 3 章第 4 節），罰則（第 6 章）などについて規定している。

2．廃棄物の処理及び清掃に関する法律（廃棄物処理法）（昭和 45 年 12 月 25 日法律第 137 号）
　この法律は，廃棄物の排出の抑制や廃棄物の適正な処理等について定める法律である（第 1 条）。獣医師は獣医療行為に伴って発生する感染性廃棄物の取り扱いに関して，本法および「廃棄物処理法に基づく感染性廃棄物処理マニュアル」（環境省）を遵守する必要がある。

　上記のほかに，環境行政関連法規には，「愛がん動物用飼料の安全性の確保に関する法律」（ペットフード安全法），「特定外来生物による生態系等に係る被害の防止に関する法律」（外来生物法），「環境基本法」，「遺伝子組換え生物等の使用等の規制による生物の多様性の確保に関する法律」（カルタヘナ法）などがある。

演習問題

第2章　獣医事関係法規の多様性

2-1．獣医事関連法規に関して，正しいものはどれか。
　　a．獣医師法は，飼育動物の診療施設の開設および管理について定めている。
　　b．獣医療法は，獣医師の任務や免許，試験，業務などについて定めている。
　　c．獣医療法は，薬事法とも関連がある。
　　d．獣医師は，飼育動物に関する診療を唯一の任務とする。
　　e．獣医療診療施設の広告は，獣医師法で規制されている。

2-2．薬事関連法規に関して，正しいものはどれか。
　　a．動物用医薬品を所管するのは，厚生労働省である。
　　b．毒劇薬は，20歳未満の者に交付してはならない。
　　c．獣医師から指示を受けていない者は，医薬品の販売業者から要指示医薬品を購入できない。
　　d．獣医師は，医薬品の副作用によるものと疑われる疾病が発生した場合は，厚生労働大臣に報告しなければならない。
　　e．未承認医薬品の食用動物への使用については，何も規制されていない。

2-3．家畜衛生行政関連法規に関して，正しいものはどれか。
　　a．家畜の伝染性疾病の発生の予防，まん延の防止，輸出入検疫などについて定める法律を，家畜感染症法という。
　　b．届出伝染病を発見した獣医師は，農林水産大臣に届け出なければならない。
　　c．21カ月齢以上の死亡牛を検案した獣医師は，都道府県知事に届け出なければならない。
　　d．BSE対策特別措置法に基づき，死亡牛の死体については，家畜防疫員が検査を行う。
　　e．飼料安全法が規制の対象とするのは，飼料だけである。

2-4．公衆衛生行政関連法規に関して，正しいものはどれか。
　　a．獣医師は，人の感染症の予防に寄与するよう努めなければならない。
　　b．狂犬病予防法に基づく検疫の対象動物は，犬のみである。
　　c．食用に供さない獣畜をと殺する場合も，と畜検査を受けなければならない。
　　d．食品衛生法は人の食品を対象としているので，飼料添加物や動物用医薬品とは関係がない。
　　e．地域保健対策や保健所の設置について定める法律を保健所法という。

2-5. 動物愛護管理法が定めていないものはどれか。

a．動物の所有者等の責任
b．動物取扱業の規制
c．安全なペットフードの製造
d．動物による危害の防止
e．動物の虐待の防止

解答：32 ページ

解　答

2-1. 正解　c
　　解説：獣医師の任務や免許，試験，業務などについて規定している法律は，獣医師法である。この法律において獣医師とは，「飼育動物に関する診療及び保健衛生の指導その他の獣医事をつかさどる」者である。一方，飼育動物の診療施設の開設および管理，広告の制限などについて規定している法律は獣医療法である。

2-2. 正解　c
　　解説：動物用医薬品を所管するのは，農林水産省である。毒劇薬は，14歳未満の者には交付してはならない。獣医師による副作用報告の報告先は，農林水産大臣である。未承認医薬品を食用動物に使用することは，原則として禁止されている。

2-3. 正解　d
　　解説：家畜の伝染性疾病の発生の予防，まん延の防止，輸出入検疫などについて定める法律は，家畜伝染病予防法である。家畜伝染病や届出伝染病が発生した場合の届出先は，都道府県知事である。BSE対策特別措置法に基づく，死亡牛の届出対象は，24カ月齢以上の牛である。飼料安全法は，飼料と飼料添加物に関する事項について規制している。

2-4. 正解　a
　　解説：狂犬病予防法に基づく検疫の対象動物は，犬，猫，あらいぐま，きつね，スカンクである。と畜場においてと畜検査を受けなければならないのは，食用に供する目的で獣畜をと殺，解体する場合である。食品衛生法は農薬・飼料添加物・動物用医薬品の残留について規制している。地域保健対策や保健所の設置について定める法律は地域保健法である。

2-5. 正解　c
　　解説：安全なペットフードの製造について定めているのは，ペットフード安全法である。

Note

第3章 獣医師法

一般目標：獣医師法の構成，法の理念，目的を理解するとともに，獣医師の業務，権利，義務および社会的責務などを修得する。

➡ **到達目標**
1) 獣医師法の理念，目的を説明できる。
2) 獣医師国家試験制度の概要を説明できる。
3) 獣医師免許および獣医師の権利，義務を説明できる。
4) 獣医師の業務を説明できる。

➡ **学習のポイント・キーワード**
獣医師，獣医師の任務，飼育動物，業務の独占，獣医師免許，臨床研修，獣医師の義務

3-1. 獣医師法の変遷とその意義

　獣医師法は，獣医師制度の基本法である。我が国の近代的獣医師制度は，獣医免許規則（明治18年太政官布告第28号）の制定によって発足した。以後，獣医師制度の根拠法令は，獣医免許規則（明治23年8月28日法律第76号），獣医師法（旧法）（大正15年4月7日法律第53号）を経て，現行の獣医師法（昭和24年6月1日法律第186号）に至る。

　現行の獣医師法は，制定以来絶えず変化を続ける社会の要請に対応して，多くは関連諸法規の整備や改正に伴う形で改正を重ねてきた。この一例として，獣医学教育機関における修業年限の変遷が挙げられる。社会情勢の複雑化にしたがって，獣医師は獣医学の専門家として，社会においてますます重要な役割を果たすようになり，その活動分野も拡大してきたことから，獣医師の知識・技術水準をいっそう高め，その資質を向上させる要請が高まってきた。これを受けて，獣医師国家試験の受験資格についての再検討が行われた。まず「獣医師法の一部を改正する法律」（昭和52年5月27日法律第47号）により，獣医師国家試験の受験資格として，従来の，大学における「獣医学の4年以上にわたる課程」に加え，2年の大学院修士課程を修めることとされた。さらに，「学校教育法の一部を改正する法律」（昭和58年5月25日法律第55号）により，獣医学教育が学部6年制の一貫教育に移行したのに伴って，同法附則において獣医師法が一部改正され，学部における獣医学の6年制一貫教育を受けたことが国家試験の受験資格となった。

　このように法は，拠って立つ理念は変わらずとも，社会情勢およびその要請にしたがって柔軟にその形を変えていく，生きた存在である。獣医師法の変遷は，獣医師がその能力を存分に活用し，多くの分野で社会に貢献することが期待されていることの顕れでもあろう。獣医師がその任務を果たすにあたっては，獣医師法の定めるところを基礎とし，担当する各分野において社会に対する重責を担う立場にあることを自覚する必要がある。

3-2. 獣医師法の構成

　獣医師法は獣医師の資格法として，主に獣医師免許や獣医師の業務などについて定める法律である。総則，免許，試験，業務，獣医事審議会，罰則の各章および附則で構成される。

3-3. 獣医師の任務

　獣医師は,「飼育動物に関する診療及び保健衛生の指導その他の獣医事をつかさどることによって,動物に関する保健衛生の向上及び畜産業の発達を図り,あわせて公衆衛生の向上に寄与する」ことを任務とする(第1条)。この法律において「飼育動物」とは,一般に人が飼育する動物をいう(第1条の2)。「飼育動物の診療」はいうまでもなく,獣医師の任務の主たるものである。「飼育動物に関する保健衛生の指導」は,治療に関するものに併せて,疾病予防や,動物用医薬品の適正使用に関する指導などをすることである。「その他の獣医事」とは上記のほかに,公衆衛生業務や畜産関係業務,科学の各分野における研究など,獣医学的知識をもって果たすべき事項一般のことを指す。

3-4. 名称の独占および業務の独占

　獣医師でない者は,獣医師又は,これに紛らわしい名称を用いてはならない(名称禁止,第2条)。名称の独占は獣医師に認められた権利であると同時に,獣医師に対し,その社会的責務を自覚するよう促すものである。

　獣医師でなければ,飼育動物(牛,馬,めん羊,山羊,豚,犬,猫,鶏,うずら,その他政令で定める動物)の診療を業務としてはならない(第17条「飼育動物診療業務の制限」)。「業務」とは社会生活上,反復継続して行われる事業のことで,有償か無償かを問わない。政令が定める飼育動物とは,オウム科全種,カエデチョウ科全種,アトリ科全種の鳥類である(獣医師法施行令第2条)。診療とは,獣医師の獣医学的判断と獣医療技術をもってするのでなければ飼育動物に危害を及ぼす,あるいは,そのおそれがある一切の行為を指す。このように潜在的に危険な行為を安全に行うための知識と技術を有しない者が,これらの飼育動物に対して獣医療行為を行った場合,畜産業上あるいは公衆衛生上,社会に大きな弊害をもたらす可能性がある。このため,獣医師法に定める一定範囲の飼育動物の診療を業として行うことは,獣医師のみに認められている。

3-5. 獣医師免許

　獣医師になろうとする者は,獣医師国家試験に合格し,かつ,農林水産大臣の免許を受けなければならない(第3条)。獣医師国家試験に合格しても獣医師免許を受けていなければ獣医師ではないので,獣医師法第17条所定の飼育動物の診療を業務とすることはできない。未成年者,成年被後見人又は被保佐人には,免許は与えられない(第4条)。また,①心身の障害により獣医師の業務を適正に行うことができない者として農林水産省令で定めるもの,②麻薬,大麻,あへんの中毒者,③罰金以上の刑を受けた者,④獣医師道に対する重大な背反行為や獣医事に関する不正の行為を行った者,又は徳性が著しく欠落した者,⑤獣医師法第8条第2項第4号に該当して免許を取り消された者に該当する場合は免許が与えられないことがある(第5条)。「心身の障害により獣医師の業務を適正に行うことができない者」とは,視覚,聴覚,音声・言語機能又は精神の機能の障害や上肢の機能の障害により,獣医師の業務を適正に行うことができない者が該当する(獣医師法施行規則第1条の2)。「獣医事に関する不正の行為」とは,獣医師法や獣医療法,家畜伝染病予防法,薬事法などの,獣医師の業務に関連する法令に違反する行為のことを指す。

　獣医師免許は,農林水産省に備えられた獣医師名簿に登録することによって与えられる。免許を与えられた者には獣医師免許証が交付される(第6条,第7条)。免許の申請や登録事項の変更を行うには,所定の書類を農林水産大臣に提出しなければならない。登録事項の変更の申請は,変更を生じた日から30日以内に行う必要がある(獣医師法施行規則第1条,第3条)。獣医師が失踪宣告を受け,

又は死亡したときは，届出義務者は，その日から30日以内に農林水産大臣に届け出なければならない（獣医師法施行規則第5条）。免許証を紛失・き損したときは，その日から30日以内に申請書を農林水産大臣に提出することによって，再交付を受けることができる（獣医師法施行規則第8条）。

3-6. 獣医師国家試験

獣医師国家試験は，飼育動物の診療上必要な獣医学並びに獣医師として必要な公衆衛生に関する知識及び技能について，毎年少なくとも1回行われる（第10条，第11条）。獣医師国家試験の受験資格については第12条に規定されている。

3-7. 獣医師免許の取消し及び業務の停止

獣医師が第4条に規定する要件に該当するときは，獣医師免許は取り消される（第8条）。また，①応召義務違反，②獣医師法第22条の届出義務違反，③獣医師法第5条に規定する要件に該当するとき，④獣医師としての品位を損ずるような行為をしたときは，獣医事審議会の諮問を経たうえで，免許が取り消され，又は業務の停止が命じられることがある（第8条第2項）。「獣医師としての品位を損ずるような行為」とは，獣医師の職業倫理に反する行為が想定されている。免許の取消し，業務の停止の処分を受けた者は，その通知を受けた日から10日以内に免許証を農林水産大臣に返納または提出しなければならない（獣医師法施行規則第9条）。

3-8. 臨床研修

診療を業務とする獣医師は，免許を受けた後も，大学の獣医学に関する学部若しくは学科の附属施設である飼育動物の診療施設，又は農林水産大臣の指定する診療施設において，臨床研修を行うように努めることが求められている（第16条の2）。臨床研修の実施期間は6カ月以上である（獣医師法施行規則第10条の2）。

3-9. 獣医師の義務

獣医師法は，獣医師の義務について以下のとおりに定めている。これらの義務は，いずれも獣医師の業務の公共性と，獣医療行為の潜在的危険性を根拠とする。

1. 無診察治療等の禁止

獣医師は，自ら診察しないで診断書を交付し，若しくは劇毒薬，生物学的製剤その他農林水産省令で定める医薬品の投与若しくは処方をし，自ら出産に立ち会わないで出生証明書や死産証明書を交付し，又は自ら検案しないで検案書を交付してはならない（第18条）。

診察とは，獣医師が飼育動物の疾病あるいは健康状態について一定の獣医学的判断をくだし得る程度の行為を，飼育動物と直接接して行うことである。獣医師が本条に定める行為を行うにあたっては，診察と認められる程度の行為によって自ら確認したうえでなければならない。なお，投与にあたって獣医師の診察を要するものとして，獣医師法第18条に定める「その他農林水産省令で定める医薬品」とは，薬事法の規定に基づき厚生労働大臣又は農林水産大臣が指定した医薬品，薬事法第83条の4第1項又は薬事法第83条の5第1項の規定に基づき，農林水産大臣が使用者が遵守すべき基準を定めた医薬品をいう（獣医師法施行規則第10条の5）。

2．応召義務

　診療を業務とする獣医師は，診療を求められたときは，正当な理由がなければ，これを拒んではならない（第19条）。「正当な理由」とは社会通念上，診療を拒むことがやむを得ない事情のことである。具体的には，獣医師が診療を業務としていない場合や，獣医師自身の病気や不在，ほかの診療動物の手術中である場合などが挙げられる。

3．診断書等の交付義務

　診療し，出産に立ち会い，又は検案をした獣医師は，診断書，出生証明書，死産証明書又は検案書の交付を求められたときは，正当な理由がなければ，これを拒んではならない（第19条第2項）。これは，獣医師の業務独占および獣医師の作成するこれらの文書における社会的必要性が高いことから定められているものである。なお，獣医療領域においては，これらの書類について記載事項は示されているが（獣医師法施行規則第11条），様式は特に定められていない。

4．保健衛生指導義務

　獣医師は，飼育動物の診療をしたときは，その飼育者に対し，飼育に係る衛生管理の方法その他飼育動物に関する保健衛生の向上に必要な事項の指導をしなければならない（第20条）。

5．診療簿及び検案簿の作成・保存義務

　獣医師は，診療をした場合には，診療に関する事項を診療簿に，検案をした場合には，検案に関する事項を検案簿に，遅滞なく記載し（第21条），農林水産省令で定める期間保存しなければならない（第21条第2項）。保存期間は，牛，水牛，しか，めん羊，山羊の診療簿及び検案簿は8年間，その他の動物の診療簿及び検案簿は3年間である（獣医師法施行規則第11条の2）。なお，診療簿および検案簿の作成・保存義務は，診療を業務とするか否かにかかわらず，診療や検案を行った獣医師すべてに課せられている。

6．届出義務

　獣医師は2年ごとに，氏名，住所その他農林水産省令所定の事項を，住所地を管轄する都道府県知事を経由して，農林水産大臣に届け出なければならない（第22条）。この届出は，獣医師の就業状況などを把握する獣医事行政上の必要性から義務付けられているものである。

演習問題

第3章 獣医師法

3-1. 獣医師法について，誤った記述はどれか。
   a．獣医師の業務について定めている。
   b．獣医師免許について定めている。
   c．獣医師国家試験について定めている。
   d．獣医事審議会について定めている。
   e．罰則については特に定めていない。

3-2. 獣医師法で獣医師に関して規定される事項として，正しいものはどれか。
   a．獣医師として診療を行うには，獣医師国家試験に合格するだけでよい。
   b．獣医師が成年被後見人になった場合，農林水産大臣はその者の獣医師免許を取り消さなければならない。
   c．未成年者でも獣医師国家試験に合格すれば獣医師になれる。
   d．獣医師免許は，罰金以上の刑を受けた者には決して与えられない。
   e．麻薬中毒者でも，無条件で獣医師免許を取得できる。

3-3. 獣医師の任務として，獣医師法に規定されていないものはどれか。
   a．飼育動物の診療を任務とする。
   b．保健衛生の指導は任務に含まれる。
   c．畜産業の発展を図らなければならない。
   d．公衆衛生の向上に寄与しなければならない。
   e．動物保険業の振興を図らなければならない。

3-4. 獣医師の義務に関して獣医師法で規定されている事項として，正しいものはどれか。
   a．氏名，住所等を都道府県知事に3年に1度届け出なければならない。
   b．獣医師は動物を直接診察しなくても，飼い主から情報を十分に聴取すれば，要指示医薬品を処方することができる。
   c．無報酬であれば，獣医師でなくても犬の診療を業務とすることができる。
   d．飼育動物の診療施設では，獣医師免許証を待合室に掲示しておかなければならない。
   e．獣医師は，診療をした飼育動物の飼育者に対して，保健衛生の指導をしなければならない。

3-5. 診療を業務とする獣医師は，診療を求められたときは，正当な理由がなければ，これを拒んではならない（応召義務）。正当な理由でないと考えられるものはどれか。

   a．緊急の手術中で手が離せない。
   b．動物の所有者が，前回の診療費を払っていない。
   c．現在，より重症の動物を診療中である。
   d．獣医師自身が病気である。
   e．獣医師がすぐに帰れない遠方におり，診療施設に不在である。

解答：40 ページ

解 答

3-1. 正解　e
　　解説：獣医師法は，総則，免許，試験，業務，獣医事審議会，罰則の各章および附則で構成される。

3-2. 正解　b
　　解説：未成年者，成年被後見人又は被保佐人には免許は与えられない(第4条)。また，獣医師法第5条各号のいずれかに該当する者から免許の申請があったときは，農林水産大臣は，獣医事審議会の意見を聴いて，この者に免許を与えるかどうかを決定する(第5条第2項)。

3-3. 正解　e
　　解説：獣医師は，「飼育動物に関する診療及び保健衛生の指導その他の獣医事をつかさどることによって，動物に関する保健衛生の向上及び畜産業の発達を図り，あわせて公衆衛生の向上に寄与する」ことを任務とする(第1条)。

3-4. 正解　e
　　解説：獣医師法で定める獣医師の義務は，①無診察治療等の禁止，②応召義務，③診断書等の交付義務，④保健衛生指導義務，⑤診療簿及び検案簿の作成・保存義務，⑥届出義務である。

3-5. 正解　b
　　解説：診療を拒むことができる「正当な理由」とは，獣医師自身の不在や，診療動物の手術中など，社会通念上妥当と認められる事情のことである。軽度の疲労や天候不良，過去における診療費の不払いなどは，「正当な理由」に該当するとはいえない。

Note

第4章 獣医療法

一般目標：獣医療法の構成，理念，目的を理解するとともに，獣医療施設の開設と規制，都道府県計画など獣医療の社会性について修得する。

➡ **到達目標**
1) 獣医療の理念，目的を説明できる。
2) 獣医療施設の開設，設備管理および規制を説明できる。
3) 診療施設の基準，審査，行政指導を説明できる。
4) 診療用放射線に関する規制を説明できる。
5) 都道府県計画，関係団体の協力を説明できる。

➡ **学習のポイント・キーワード**
診療施設，管理，往診診療者，使用制限，届出，立入検査，非獣医師の開設，管理獣医師，個人開業，法人開業，国立大学法人診療施設，診療用放射線，管理区域，被ばく，等価線量，実効線量，放射線防護の基本原則，都道府県計画，関係団体の協力，獣医療法施行規則，獣医療法施行令，日本政策金融公庫，開設融資，獣医療契約，セカンド・オピニオン，診療報酬請求権，無契約診療，獣医師賠償責任保険，家畜共済保険，動物損害補償保険

4-1. 獣医療法の意味

　獣医療を円滑に推進するためには，人的構成要素と物的構成要素の調和のとれた制度の展開が必要である。平成5年（1993年）に獣医療法が施行されるまで，獣医療にかかわる事項は獣医師法に抱合され，独立した法規としては存在しなかった。獣医療法は飼育動物の診療施設開設，管理，獣医療を提供する体制の整備などについて必要事項を定め，適正な獣医療の確保を意図した法規である。
　獣医療を実践する行為は獣医業といえるが，獣医療と獣医業はほぼ同義語として用いられている。本稿では獣医療として記述する。日本は契約社会といわれているが，獣医療も例外ではなく，獣医療の契約は委任契約（準委任契約）を通説としている。

4-2. 獣医療法の目的

　獣医療法の目的は，第1条に明示されている。すなわち，「飼育動物の診療施設の開設及び管理に必要な事項並びに獣医療を提供する体制の整備のために必要な事項を定めること等により，適切な獣医療の確保を図ることを目的」としている。

4-3. 獣医療法の構成

　獣医療法は罰則を含め，22条で構成された短い法律である。その構成は，目的（第1条），定義（第2条），診療施設関係（第3条〜第7条），報告の徴収と立入検査（第8条），国立大学法人の診療施設（第9条），獣医療提供体制の基本方針（第10条），都道府県計画（第11条〜第14条，第16条），資金の貸付（第15条），広告（第17条），経過措置（第19条），罰則（第20条〜第22条）となっている。獣医療法はこのように圧縮された法律であり，したがって政省令に委任する事項は少なくない。
　ちなみに，医療法は8章77条で構成されている。獣医療法と比較して際立って異なる規定は，医

療法第1条の4第2項に定めたインフォームド・コンセント規定である。医師が医療行為を実施できるのは，医師の説明を患者が理解し自発的同意をした場合に限る，とインフォームド・コンセントの徹底を求めた規定である。また，第6章の医療法人規定も医療の特殊性を象徴している。

4-4．飼育動物診療施設の定義
1．診療施設
　診療施設は，獣医師が飼育動物の診療を業務とする場所である。なお，往診のみで診療を業務としてもよい。その場合は，その住所を診療施設と見なし，第3条を適用する。往診のみにより診療業務を行う獣医師を「往診診療者」という（第7条）。

　なお，診療とは，診察，診断，治療，予防などのことを指し，保健衛生の指導や健康相談などを行う施設は該当しない。

　診療施設として，動物園，水族館，専門学校の実習施設，診療車輌などは該当し，犬の抑留所，と畜場，食鳥処理場，地域保健法第5条に定める保健所，検疫所，動物衛生研究所などは診療施設に該当しないとされている。

2．飼育動物
　獣医療法における飼育動物とは，獣医師法第1条の2に定める動物，すなわち「一般に人が飼育する動物」のことをいう。したがって獣医療法における獣医業の対象としては，制限された飼育動物（獣医師法第17条）と，政令に定める鳥種（獣医師法施行令第2条）にとどまらないことになる。

4-5．診療施設の届出
1．診療施設の開設の届出
　診療施設を開設した者（開設者）は，開設した日から10日以内に開設した所在地を管轄する都道府県知事に，農林水産省令で定める事項を届け出なければならない。なお，診療施設を休止，廃止または届け出た事項を変更したときも同様に，10日以内に届け出る（第3条）。

2．開設の届出事項
　診療開設の届出事項は次のとおりである（施行規則第1条，第2条）。
　①開設者の氏名及び住所（開設者が法人である場合にあっては，当該法人の名称及び主たる事務所の所在地）並びに開設者が獣医師である場合にあってはその旨
　②診療施設の名称
　③開設の場所
　④開設の年月日
　⑤診療施設の構造設備の概要及び平面図

4-6．診療施設の構造設備の基準
　診療施設の構造設備の基準は，農林水産省令によって定め，その遵守を求めている（施行規則第2条）。
　①診療対象動物の逸走を防止するために必要な設備を設けること。
　②伝染性疾病にかかっている疑いのある動物を収容する設備には，他の動物への感染を防止する設

備を設けること。
③消毒設備を設けること。
④調剤を行う施設では，採光，照明，換気を十分にすること。清潔を保ち，冷暗貯蔵設備，調剤器具などを整備すること。
⑤手術施設は内壁，床を耐水性とすること，手術室の清潔を保つことのできる構造にすること。
⑥放射線に関する構造設備の基準は施行規則第6条の1から第6条の11に定めてある。

4-7．診療施設の管理および検査と使用制限
1．報告の徴収および立入検査
　診療施設の開設は，個人または法人が開設の日から10日以内に届け出る（第3条）。構造および設備は農林水産省令の定める基準に適合することを開設の要件とする。また，開設者が非獣医師の場合には，獣医師を管理者として置かなければならない（第5条）。
　これらの諸事項が遵守されているか否かを，農林水産大臣または都道府県知事は職員を施設に立ち入らせて，構造設備，業務の状況，帳簿，書類，その他の物件を検査させる権限を有する。検査に立ち入る職員は身分証明書を携帯することになっている。立入の権限は，犯罪捜査のために認められたものと解釈してはならない。これが立入側の遵守事項である。なお，往診診療者にも適用される。基準に違反したり規定を遵守していないときは，開設者に対し期限を定めて改善を命ずることができる。また，管理者に対して診療用機器，帳簿その他書類の提出や報告を命ずることもできる（第8条）。

2．国の開設する診療施設の特例
　国が開設する診療施設に関しては，獣医療法の適用は政令で特別に定めている（第9条）。
　現在，国立大学法人10大学で，正規の獣医学課程の教育は実施され，附属する診療施設において臨床教育が行われている。従来，国立大学の設置する診療施設に関して政令では，「獣医療法第3条の開設者を文部科学大臣，管轄する都道府県知事を農林水産大臣，届出を通知に，第5条第1項の開設者を文部科学大臣，第6条の都道府県知事を農林水産大臣，その開設者を文部科学大臣，第8条第1項の開設者若しくは管理者を管理者に読み替える」と定めている。
　なお，国立大学の附属診療施設に対する農林水産大臣または都道府県知事による立入検査には，文部科学大臣の指定する者を立ち会わせること，農林水産大臣，都道府県知事による聴聞の不適用などを定めている。

4-8．診療用放射線に関する規制
　診療用放射線に関しては，獣医療法施行規則で，いくつかの項目に分けて規制されている。

1．エックス線診療室の届出
　エックス線装置を備えた診療施設については，獣医療法第1条「診療施設の開設の届出」において規定されている。すなわち，施設の開設者は以下の事項について，開設の日から10日以内に管轄の都道府県知事に届け出る義務がある。
①エックス線装置の製作者名，型式及び台数。
②エックス線高電圧発生装置の定格出力。
③エックス線装置及びエックス線診療室の放射線障害の防止に関する構造設備及び予防措置の概要。

④エックス線診療に従事する獣医師の氏名及び当該獣医師のエックス線診療に関する経歴(すなわち従事するすべての獣医師の氏名,エックス線診療従事年数。エックス線診療に関する研修の受講状況など)。

なお,届出の対象となる診療用エックス線装置は,定格出力の管電圧が10キロボルト以上1,000キロボルト未満の装置に限る。

また,③の「エックス線診療室の放射線障害の防止に関する構造設備及び予防措置の概要」については放射線防護用具,放射線測定器などの保有状況などの届出に加えて,さらに①エックス線診療室の構造設備の基準,②エックス線装置の防護装置,③管理区域の設定,④敷地の境界等における防護装置について,の4項目に関してそれぞれ規定がある。

1) エックス線診療室の設備構造

エックス線診療室の構造設備の基準は,獣医療法施行規則第6条「エックス線診療室」の項目に規定している。人が常時立ち入る場所,すなわち獣医師がエックス線装置の操作などを行う場所における実効線量が1週間につき1ミリシーベルト以下になるように,エックス線を遮へいする効果のある鉛板などの遮へい壁,防護衝立などの遮へい物を設け,またエックス線診療室である旨を示す標識を付することとしている。

2) エックス線装置の防護装置

エックス線装置の防護装置については,第8条「エックス線装置の防護」として,当該エックス線管の容器または照射筒からの漏洩線量について規定がある。すなわち,定格管電圧のエネルギーに応じて,エックス線管焦点から距離や自由空気中における空気に対する時間ごとの吸収線量が定まっており,その基準以下になるように防護する必要がある。また,コンデンサ式のエックス線高電圧装置については,充電状態であって,照射時間外のときに接触可能表面から5センチメートルの距離において,毎時20マイクログレイ以下になるように防護する必要がある。そのほか,透視用エックス線装置については透視時間が一定時間を超えた場合に警告音を発するタイマーを設けたり,散乱線を低下させるためエックス線照射野を絞る装置を備えるなど,上述した規定に加えてさらに規定がある。

3) 管理区域

管理区域の設定については,第11条「管理区域」として規定されており,診療施設の管理者は,実効線量が3月間につき1.3ミリシーベルトを超えるおそれがある場所を管理区域とし,当該区域にその旨を示す標識を付さなければならないと定めている。

4) 境界等における防護

敷地の境界等における防護装置については,第12条の「敷地の境界等における防護」として規定されており,「診療施設の管理者は,エックス線診療室又はその周辺に適当な遮へい物を設ける等の措置を講じて,診療施設の敷地内の人が居住する区域および診療施設の敷地の境界等における実効線量が3月間につき,250マイクロシーベルト以下になるようにしなければならない」と定めている。

2. 放射線診療従事者等の被ばく防止

放射線診療従事者等の被ばく防止については，第13条「放射線診療従事者等の被ばく防止」に規定されている。すなわち，診療施設の管理者は，放射線診療従事者等（エックス線装置などの取扱い，管理又はこれに付随する業務に従事する者であって管理区域に立ち入るもの。具体的には獣医師，獣医師の指示・監督のもと動物の保定などを行う診療補助者が挙げられる）が受ける実効線量が，次に掲げる値を超えないようにする必要がある。

①平成13年4月1日以後5年ごとに区分した各期間につき100ミリシーベルト
②4月1日を始期とする1年間につき50ミリシーベルト
③女子（妊娠する可能性がないと診断された者，妊娠する意思がない旨を診療施設の管理者に書面で申し出た者を除く。）については，前2号に規定するほか，4月1日，7月1日，10月1日及び1月1日を始期とする各3月間につき5ミリシーベルト
④妊娠中である女子については，本人の申出等により診療施設の管理者が妊娠の事実を知ったときから出産までの間につき，1ミリシーベルト

等価線量についても，次に掲げる計測値を超えないようにする必要がある（第13条第2項）。
①眼の水晶体については，4月1日を始期とする1年間につき150ミリシーベルト
②皮膚については，4月1日を始期とする1年間につき500ミリシーベルト
③妊娠中である女子の腹部表面については，前項第4号に規定する期間につき2ミリシーベルト

以上のように，診療施設の管理者は，放射線診療従事者等の被ばく防止に対して定められた実効線量および等価線量を超えないようにする必要があるが，緊急時においてはその限りではない。緊急時においては，放射線診療従事者等が当該作業に従事するあいだに受ける実効線量は100ミリシーベルトを，眼の水晶体の等価線量は300ミリシーベルトを，皮膚の等価線量は1シーベルトをそれぞれ超えないようにする義務を定めている。また，緊急時においては，女子（妊娠する可能性がないと診断された者及び妊娠する意志がない旨を診療施設の管理者に書面で申し出た者を除く）を従事させてはならない。

3. 線量の測定

前述の放射線診療従事者等の被ばく防止に関しては，個人被ばく線量計などの放射線測定器を用いて実際に測定する。これは，第14条「線量の測定等」に規定されている。個人被ばく線量計等の放射線測定器については，胸部（女子については腹部）に装着して測定し，管理区域に立ち入っているあいだ継続して行う。ただし，体幹部（人体部位のうち，頭部，けい部，胸部，上腕部，腹部及び大たい部）を頭部及びけい部，胸部及び上腕部並びに腹部及び大たい部に3区分した場合においては，被ばくする線量が最大になるおそれのある区分が胸部及び上腕部（女子にあっては腹部及び大たい部）以外の場合，当該区分についても測定し，その他体幹部以外であった場合はその部位についても測定する必要がある。

4. 放射線診療従事者等に係る線量の記録

第15条「放射線診療従事者等に係る線量の記録」に定められている。すなわち，診療施設の管理者は，放射線診療従事者等にかかる被ばく防止に関して測定した線量を以下に述べるように記録し，

これを 5 年間保存しなければならない。
- ①実効線量については 4 月 1 日，7 月 1 日，10 月 1 日及び 1 月 1 日を始期とする各 3 月間ごとの合計並びに 4 月 1 日を始期とする 1 年間ごとの合計。ただし，4 月 1 日を始期とする当該 1 年間についての実効線量が 20 ミリシーベルトを超えた場合は，当該 1 年間を含める 5 年間について 1 年間ごとに累積した値を記録し，これを 5 年間保存しなければならない。
- ②人体の組織別の等価線量について，4 月 1 日，7 月 1 日，10 月 1 日及び 1 月 1 日を始期とする各 3 月間ごとの合計並びに 4 月 1 日を始期とする 1 年間ごとの合計（女子の腹部の等価線量については，毎月 1 日を始期とする各 1 月間ごとの合計，4 月 1 日，7 月 1 日，10 月 1 日及び 1 月 1 日を始期とする各 3 月間ごとの合計並びに 4 月 1 日を始期とする 1 年間ごとの合計）。

5. 放射線診療従事者等の遵守事項

診療施設の管理者は，放射線診療従事者等に対して被ばくを軽減するために主に以下の項目を遵守するように，第 16 条「放射線診療従事者等の遵守事項」において定められている。
- ①遮へい壁その他の遮へい物を用いることによりエックス線の遮へいを行うこと
- ②エックス線装置と人体との間に適当な距離を設けること
- ③人体がエックス線に被ばくする時間を短くすること

この「遮へい」，「距離」および「時間」の対策は，放射線防護の基本原則である。

6. エックス線装置等の定期検査等

診療施設の管理者は，第 17 条「エックス線装置等の定期検査等」としてエックス線装置について定期検査を行い，その結果の記録を 5 年間保存する必要があると定めている。ここで述べる定期検査とは，以下に掲げるとおりである。
- ①エックス線装置，高電圧発生装置，エックス線制御装置等の異常および破損の有無
- ②漏えい放射線の有無
- ③漏えい放射線の線量当量率または線量当量
- ④照射野

そしてこの定期検査は，3 年に 1 回を目安として行うことを推奨している。

7. 放射線障害が発生するおそれのある場所の測定

診療施設の管理者は，第 18 条「放射線障害が発生するおそれのある場所の測定」の規定により，以下に掲げる場所について，診療を開始する前に 1 回及び診療を開始した後にあっては 1 月を超えない期間ごとに 1 回（ただし，エックス線装置を固定して使用する場合であって，使用する方法および遮へい壁その他の遮へい物の位置が一定しているときにおいては，6 月を超えない期間ごとに 1 回），エックス線の量について測定器を用いて測定し，その結果に関する記録を 5 年間保存しなければならない。
- ①エックス線診療室
- ②診療用高エネルギー放射線発生装置使用室
- ③管理区域の境界等
- ④診療施設の人が居住する区域
- ⑤診療施設の敷地の境界等

8. 記帳

　診療施設の管理者は，第19条「記帳」の規定により，エックス線装置を使用する際は，帳簿を備えて使用状況を記帳し，これを1年ごとに閉鎖し，閉鎖後3年間は保存しなければならない。具体的な使用状況とは，以下に掲げるとおりである。
　①使用時間
　②管電圧
　③ミリアンペア秒
　④照射回数

9. 事故の場合の措置

　診療施設の管理者は，第20条「事故の場合の措置」の規定により，地震，火災その他の災害又は盗難その他の事故により，放射線障害が発生，又は発生するおそれがある場合は，直ちにその旨を当該診療施設の所在地を管轄する都道府県知事及び市町村長に報告するとともに放射線障害の防止に努めなければならない。また，当該事故に関する内容として，事故等の発生日時，事故等の原因，障害の発生状況，管理者の対応措置，被ばくした者の実効線量等を記載し，その記録を5年間保存しなければならない。

10. 放射線診療従事者の健康管理

　診療施設の管理者は，放射線診療従事者の健康管理を適切に行うため，医師による放射線障害の有無にかかる必要な健康診断を定期的に行うことが推奨されている。

11. 研修

　診療施設の管理者は，放射線診療従事者を獣医師団体が開催するエックス線装置の取り扱いに関する研修会などに積極的に参加させ，放射線にかかる知識および技術の習得に努めることが要望されている。

4-9．獣医療提供体制の整備

1. 獣医療を提供する体制の整備を図るための基本方針

　獣医療の体制整備は農林水産大臣が基本方針を定める（獣医療法第10条）。基本方針の骨子は次のとおりである。
　①獣医療の提供に関する基本的な方向。
　②診療施設の整備及び獣医師の確保に関する目標の設定に関する事項。
　③獣医療を提供する体制の整備が必要な地域の設定に関する事項。
　④診療施設その他獣医療に関連する施設の相互の機能及び業務の連携に関する基本的事項。
　⑤獣医療に関する技術の向上に関する基本的事項。
　⑥その他獣医療を提供する体制の整備に関する重要事項。
　なお，上記の基本方針は状況の推移により，農林水産大臣は改正の必要性を認めれば方針を変更することもできる。しかし，その変更には獣医事審議会の意見を聴取し，また，変更した基本方針は遅滞なく公表しなければならない。

2. 都道府県計画

都道府県は，獣医療を提供する体制の整備を図るため，計画を策定することができる(第11条)。都道府県計画における基本方針は，以下のとおりであるが，その内容は国の定める基本方針に即していなければならない。

①整備を行う診療施設の内容その他の診療施設の整備に関する目標。
②獣医療を提供する体制の整備が必要な地域。
③獣医師の確保に関する目標。
④相互の機能及び業務の連携を行う施設の内容及びその方針。
⑤診療上必要な技術の研修の実施その他の獣医療に関する技術の向上に関する事項。
⑥その他獣医療を提供する体制の整備に関し必要な事項。

都道府県計画の策定，変更については，前記の1)，2)の変更は農林水産大臣との協議を要する。また，都道府県計画を定め，または変更した場合には遅滞なく，農林水産大臣に報告するとともに公表開示をしなければならない。都道府県計画の策定および変更にあたっては，獣医療に関する学識経験者の意見を聴くことを求めている(施行規則第21条)。

3. 関係団体の協力

都道府県計画の積極的推進には，関連する団体の協力を求めるものとしている(第12条)。関連団体としては，獣医師会，農業共済組合連合会，農業共同組合などが考えられる。昨今，獣医療は高度化，多様化しており，獣医師不足の地域においては技術支援，研修の実施などの協力が望まれている。同時に，診療施設の開設者および管理者は，都道府県計画の推進に協力し，所有する施設，器械，器具などを診療施設に勤務していない獣医師の診療，研究，研修のために利用させるよう要望している(第13条)。さらに，都道府県計画に基づき，診療施設の整備を図ろうとする者は，診療施設整備計画を都道府県知事に提出して認定を受けなければならない(第14条，施行令第1条)。

4-10. 資金の貸付

畜産業の持続的で健全な発展を支援する，長期で低利の資金の貸付があり，株式会社日本政策金融公庫(旧・農林漁業金融公庫)が対応する(第15条)。

融資を受けられる条件は，診療施設の整備を実施するために必要な資金であること，ほかの金融機関からの融資が困難なこと，1年間の診療業務に占める牛・馬・めん羊・山羊・豚・鶏・うずらその他畜産業に係る飼育動物の診療業務の割合が50％以上見込める診療施設の整備となっていること(施行規則第22条)などである。

4-11. 獣医療の広告
1. 獣医療広告

獣医療(業)の広告は，獣医療法第17条によって許可と制限を受けている。広告の目的は，相手方に適切な選択を容易にするための自己宣伝といってよかろう。すなわち病気の動物の診療を依頼者(所有者)が適当な獣医師を選択するための指標でもある。

農林水産省のホームページによれば，獣医療における広告の制限で，特に獣医師または診療施設について広告制限を行う理由は，「誇大広告により十分な専門知識を持たない飼育動物の受診依頼者を惑わし，あるいは不測の被害を防止することにある。そのため，獣医師にかかわる事項や診療業務に関

しては，技能，療法または経歴にかかわる事項の広告制限を行っている」と述べている〔獣医療に関する広告の制限及びその適正化のための監視指導に関する指針（獣医療広告ガイドラインより）〕。

2. 広告の制限

獣医療法第17条の概要は，「獣医師又は診療施設の業務に関しては，次に掲げる事項を除き，その技能，療法又は経歴に関する事項を広告してはならない」として，次のように定めている。
①獣医師または診療施設の専門科名。
②獣医師の学位または称号。
③農林水産省令で特例として定めたもの（ただし広告の方法，その他の事項につき必要な制限を加えることができる）。
④農林水産大臣は③にかかわる農林水産省令を制定し，または改廃しようとするときは，獣医事審議会の意見を聴かなければならない。

3. 広告が可能な参考例

①獣医師名：日本　太郎　など。
②診療所名：平成動物病院，昭和獣医科医院　など。
③学位：獣医学博士・農学博士・博士（獣医学）・博士（農学）など。
　　　　獣医学修士・農学修士・修士（獣医学）・修士（農学）など。
　　　　獣医学士・農学士など。

4. 専門科名

①専門分野を示す科名
　例：外科，整形外科，内科，繁殖科（産科，臨床繁殖科），放射線科（臨床放射線科），皮膚科，寄生虫病科，泌尿器科，腫瘍科，泌尿器科，循環器科，呼吸器科，眼科，歯科，アレルギー科，画像診断科，麻酔科，神経科　など（獣医療広告ガイドラインより）。
②対象動物を示す科名
　例：大動物専門科，牛・馬専門科，豚専門科，鶏専門科，犬・猫専門科，小鳥専門科，エキゾチックアニマル専門科，うさぎ専門科，ハムスター専門科，フェレット専門科，は虫類専門科　など（獣医療広告ガイドラインより）。

5. 広告制限の特例

広告制限の特例（施行規則第24条）として，前記の法第17条第2項でいう農林水産省令で特例として定めたものとは，次のとおりである。
①家畜改良増殖法第3条の3第2項第4号に規定する家畜体内受精卵の採取を行うこと。
②家畜伝染病予防法第53条第3項に定める家畜防疫員であること。
③家畜伝染病予防法第62条の2第2項に定める伝染病予防の自主的措置を実施する目的で設置された一般社団法人・一般財団法人などから，当該措置にかかわる診療委託を受けていること。
④獣医師法第16条の2第1項に定める農林水産大臣の指定する診療施設であること。
⑤農業災害補償法第12条第3項に規定する組合などから診療の委託を受けている，または組合員などの委託を受け，共済金の支払いを受けることのできる契約を組合と締結していること。

⑥狂犬病，その他の動物の疾病の予防注射を行うこと。
⑦飼育動物の健康診断を行うこと。
⑧薬事法第2条第4項に定める医療機器の所有者であること。
（以上を含め，農林水産大臣は12項目について広告制限の特例を示している。）

6. 経歴などに該当せず広告の許される例
1）経歴に該当しない例
　・某月某日開院予定
　・講習会のため臨時休診（具体的な講習会名の表示がない場合）
　・大学病院や他の動物病院と連携
　・顧問，相談役　　　など。

2）技能，療法，経歴に該当しない例
　・診療施設の名称，住所，電話番号，勤務する獣医師の氏名
　・診療日，診療時間，予約診療
　・休日または夜間の診療，往診の実施
　・初診料
　・診療費の支払方法（クレジットカードの使用の可否など）
　・動物医療保険取扱代理店，動物医療保険取扱病院
　・入院施設完備，駐車場完備
　・ペットホテル，トリミング，しつけ教室の実施
　・会員制動物健康クラブ　　　など。

4-12. 罰　則
1. 罰則規定
獣医療法に違反した者に対する罰則規定は，獣医療法第20条〜第22条に定めている。

①獣医療法第3条の規定に違反して届出をせず，又は虚偽の届出をした者：20万円以下の罰金に処する。（第21条第1号）。
②獣医療法第5条第1項の規定に違反した者：20万円以下の罰金に処する（第21条第2号）。
③獣医療法第6条の規定による命令に違反した者：50円以下の罰金に処する（第20条第1号）。
④獣医療法第8条第1項若しくは第2項の規定による報告をせず，若しくは虚偽の報告をし，同条第1項の規定による検査を拒み，妨げ，もしくは忌避し，又は同条第2項の規定による物件を提出しなかった者：20万円以下の罰金に処する（第21条第3号）。
⑤法人の代表者又は法人，個人の代理人，使用人，その他の従業者が，法人又は個人の業務に関し，法第20条および第21条の違反行為をしたときは，行為者を罰するほか，その法人又は個人に対しても各本条の刑を科する（第22条）。

2. 問題点
①法人には，営利法人としての株式会社や有限会社，非営利法人ともいえる学校法人，一般・公益・社団・財団法人，特定非営利活動法人（NPO）などがある。獣医療は株式会社および有限会社とし

ての診療施設の開設を認めているので，営利企業とも主張されている。しかし，獣医師法は非営利といわれている医師法の構成に近い。

②広告について，社会通念としては，自由度が拡大される傾向にある。しかし，医療法では学位の広告を認めていない。

③獣医療法の対象動物は，獣医師法第1条の2に定める飼育動物であり，獣医師法第17条に定める診療対象動物の範囲を超える。「家畜伝染病予防法」，「薬事法」，「感染症の予防及び感染症の患者に対する医療に関する法律」（感染症法）などに定めている獣医師の診療対象動物とのあいだの整合性について検討する必要があるのではなかろうか。

4-13. 獣医事関連保険制度

1. 獣医師賠償責任保険の概要

医師賠償責任保険は，1963年6月5日，当時の大蔵省によって認可された。戦前は，医師と患者の信頼関係が厚かったことや，国民の権利意識の乏しかったこともあって，医事紛争はきわめてまれであったが，1960年代後半から医療事故紛争が急激に増加し，さらに，交通事故などの増加を通じて人の損害賠償に対する意識も急激に上昇した。こうした社会的背景を反映して，医師賠償責任保険制度は全国的に普及していった。

獣医師賠償責任保険は，医師賠償責任保険発足から遅れること約11年，1974年12月1日に獣医師会会員の福祉共済制度の一環として発足し，現在に至っている。

2. 保険加入

獣医師賠償責任保険に加入する獣医師は，獣医療事故が発生した際，被害者（所有者）に対して損害賠償責任を負う者である。

1）管理者獣医師（普通契約）

動物診療施設の管理者である獣医師が直接獣医療事故を起こしたときだけでなく，使用者が事故を起こした場合にも保険金支払いの対象となる。

2）勤務獣医師（勤務獣医師契約）

動物診療施設に勤務している獣医師が，保険加入を希望する場合における契約である。

3. 保険金支払い

以下に示すような法律上の賠償責任を負ったときに，保険金は支払われる。

①獣医療業務に関連した事故，すなわち獣医師が獣医療業務を遂行するにあたり，誤って動物や第三者に傷害を与えたり，財産に損害を生じさせたりした場合

②治療などのために預かっていた動物が，管理上の過失により，逃走，紛失，盗難または傷害にあったり，それが原因となって第三者に傷害を与えたり，また財産に損害を生じさせたりした場合

③施設，設備の所有，使用，管理の不備によって，動物や第三者に傷害を与えたり，衣類，持ち物などを損壊した場合

一方，以下に示す場合には，保険金は支払われない[1]。

①被保険者が故意に起こした事故
②診療の結果を保証したため加重された責任
③獣医師業務の通常の範囲にはない行為に起因する事故（治療や検査を伴わない単なる預かり，管理やトリミングなど）
④顧客の私物の盗難，紛失（ただし，受診動物は保険金支払い対象となる）
⑤勤務獣医師その他使用者が，就業中に被った身体的障害
⑥車両などの所有，使用または管理に起因して起こった事故

4-14．家畜共済保険

共済制度の概要について以下に記述する（図 4-1，表 4-1，図 4-2，表 4-2）。

家畜共済制度は，家畜保険法（昭和 4 年 3 月 28 日法律第 19 号）に基づいて発足した。のちに制定された農業災害補償法（昭和 22 年 12 月 15 日法律第 185 号）のなかに，家畜保険法の内容を拡大して組み入れられた。

1949 年には，死亡廃用共済の義務加入制，共済掛金の一部国庫負担制が採用された。さらに，1953 年から死亡廃用共済と疾病病傷共済との一元化の試験的実施を経て，1955 年から死廃病傷共済として実施されるに至った。

その後，1966 年には，引受方式の改善，共済事故の選択制の採用，牛馬の共済掛金国庫負担の拡充，責任保有の合理化，家畜の損害防止事業の強化，病傷給付方式の合理化などを内容とする大幅な制度改正が行われた。また，1971 年には，共済掛金国庫負担の強化（牛馬の国庫負担割合の大幅引き上げ，種豚に対する掛金の国庫負担，個別共済家畜における病傷掛金の部分国庫負担）および病傷給付の適正化（診療費の一部所有者負担）を内容とする改正が行われた。

1976 年には，家畜共済対象に肉用豚を追加，共済掛金国庫負担の改善（牛，種豚の国庫負担割合の引き上げ，肉用豚に対する国庫負担）および組合などの共済責任の拡大を内容とする改正が行われた。

1985 年には，肉用牛の胎児および子牛も家畜共済の対象となった。

4-15．動物損害補償保険

動物を対象とした損害補償制度もある。すでに競走馬を対象とした損害補償保険制度は，かなり普及している。

犬を対象とした損害補償保険制度も，大蔵省保険局（現・金融庁監督局）の認可を得て商品化している。損害補償保険は，偶然の事故によって生じる財産上の損害を補てんすることを目的とする保険であって，当事者の一方（保険者）が前述のような損害の補てんを約束し，これに対し，相手方（保険契約者）が報酬（保険料）を支払うことによって効力を生じるものである（商法第 629 条）。

商法では，損害保険の種類として，火災保険，運送保険および海上保険についてのみ規定しているが，実際は，自動車，航空，盗難，賠償責任などに対する保険も知られている。これらは，いわゆる私保険といわれるものであり，原則として保険に加入するか否かは自由である。

なお，損害を補てんする保険としては，ほかに産業保険（農業保険，漁船保険），社会保険（健康保険，労働者災害補償保険）などもある。これらは公的保険であり，商法の適用または準用を受けない。

図 4-1　農業共済

表 4-1　家畜共済

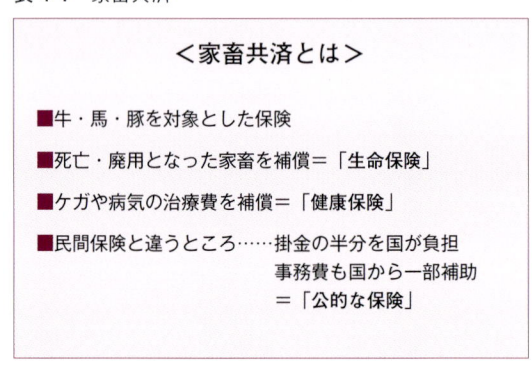

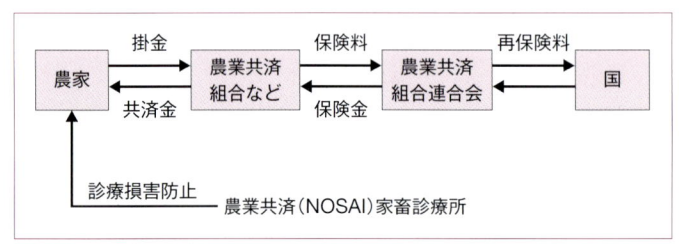

図 4-2　農業共済家畜診療所の位置付け

表 4-2　家畜共済における獣医師の職域

| 付説 | **獣医療と契約**

　成熟した日本の社会は契約社会といわれているが，獣医療（業）も例外ではない．獣医療はいかなる契約に基づくと考えるのが妥当であろうか．日本の獣医療に対して，明確な解説は乏しい．そこで，獣医療行為と相似性の高い医療行為とを比較して考察する．幸い医療行為と契約については，多くの法律学者・医学者（医師）が論考している．獣医師の診療対象は動物であり，医療の診療対象は人である．しかし，行為自体は類似し，医療機器，薬剤，診療技術，治療技術などの共通性も少なくない．

一方，診療依頼形式は，医療の場合は主に患者自身で，小児科や身体障害者には代理人・親権者（父母など）が同伴し，許された範囲で代理同意・承諾を患者に代わって行う。獣医療においては，動物は権利の主体として認められていない。もちろん動物は意思表示する言語を持たないので，すべて診療依頼者（所有者）による代理同意（proxy consent）であり，医療の小児科診療に類似している。

1．獣医療における契約の法的根拠

　獣医療における診療行為は，病気の動物の所有者の依頼により，獣医師がこれを承諾することによって効力を発する，一種の契約（contract）であり，民法第3編第2章第10節「委任」の契約に関する法規に準拠する。

1）獣医療契約

　獣医療契約は，医療の診療契約と同様に民法第643条に規定されている「委任」（mandate contract）を通説としている。しかし，委任契約は一般に商行為の契約であり，医療・獣医療には馴染まないとして，「準委任」（民法第656条）と呼ばれている。

- 民法第643条：「委任は，当事者の一方が法律行為をすることを相手方に委託し，相手方がこれを承諾することによって，その効力を生ずる」
- 民法第656条：「この節の規定は，法律行為でない事務の委託について準用する（準委任契約の根拠）」

　反面，健康診断・断尾耳整形・避妊手術などは請負契約，入院時の収容室などは賃貸借契約といえよう。したがって実態から見ると，獣医療契約は一種の混合契約でもある。獣医療は対象が動物だからといって，大工職人や植木職人などと依頼者（所有者）との契約による請負契約とは異なる。また，所有者に雇用され，すべてをその指示によって行うとはいえず雇用契約とも異なる。

2）医療における契約

　医療領域では，美容整形，健康診断，遺伝子診断など請負契約と考えられる医療もある。また，入院の差額ベッドは賃貸借契約であり，各種の契約が重複する混合契約といえよう。

　一方，ドイツの医療契約は雇用契約（dienstvertrag）とされている。医療行為は医師の裁量による部分が多く，患者の要求や指示による労務の提供であるとは言い難い。

2．契約の開始および終了と効果

　獣医療の契約とは準委任契約であり，当事者の一方である所有者から診察を委託され，獣医師が承諾すれば契約は成立し，診療を開始する。

　獣医療の場合の承諾とは，獣医師が診療の意思表示を明確にすることであり，通常は初診時に診察券を交付することにより，意思表示をしたと見なされる。

　医療においては，診療前に診察券を患者に交付することが多く，診察開始前に待合室などで不慮の事故が発生し，その責任を管理者の責任とした事例もある。

　契約の終了については，受任者（獣医師）および委任者（所有者）に正当な理由があれば，任意に準委任契約を解除することが可能である（民法第651条）。獣医療契約の終期は，疾病動物の病状が改善，治癒し診療の継続が不必要となった時点をいう。

動物の症状が悪いにもかかわらず，転医を勧めることなく独断的に獣医師側から診療を打ち切ることはできない。もしも診療を打ち切ったことにより所有者に損害が発生すれば，損害賠償を請求されることもある。しかし，獣医師側の病気，死亡，診療所の罹災などによって診療が不可能になった場合には，その理由を所有者に通達し了承を得て診療を中止することができる。所有者が理由なく診療を中絶したり，医療費を支払わなかったりして獣医師に損害が生じたときは，獣医師はその診療契約を解除すると同時に所有者に損害の補償を請求できる。なお，獣医師には診療義務（応召義務）があり，相当の理由がない限り一方的な契約の解除はできない。

3．委任契約（準委任契約）に伴う獣医師の責務
1）善良なる管理者としての注意義務
民法第644条には「受任者は，委任の本旨に従い，善良なる管理者の注意をもって，委任事務を処理する業務を負う」と規定している。したがって，受任者である獣医師は，最善の方法で義務を果たさなければならない。

「善良なる管理者としての注意義務」とは，法律上「善管注意義務」と略して表現され，良識ある一般人のなすべき程度の注意を払う義務をいう。しかし，医師にはさらに高度な注意義務「最高に善良なる管理者としての注意義務」が要請される。獣医師も同様といえよう。

2）診療経過の説明と指導義務
受任者（獣医師）は，積極的に委任者（所有者）に診療状況を報告しなければならない。委任者（所有者）から診療についての問い合わせがあったとき，または診療の終わった時点で速やかにその事情を説明する義務があるといえよう。なお，法の規定以外に，インフォームド・コンセント（説明と同意）は獣医療における獣医師の責任である。

なお，獣医師法第20条には，「飼育動物診療後の衛生管理，その他保健衛生の向上に必要な指導をしなければならない」と定められている。

3）再診・転医の勧告（セカンド・オピニオン）
獣医師が自らの獣医療水準では，当該動物に対して適切な治療ができないと考えたとき，ほかの適切な獣医療施設への再診，転医を勧めることは獣医師の良心といえよう。

再診・転医にあたっての留意点は以下のとおりである。
・当該疾病が自らの非専門領域であること。
・転医先への搬送が可能なこと。
・転医先は当該疾病の獣医療が可能なこと。
・転医によって疾患の改善が予測されること。

4．契約に伴う獣医師の権利
1）診療報酬請求権
獣医療契約を委任契約（準委任契約）とした場合，契約の特性として「特約」のない限り，診療前に報酬の請求はできない（民法第648条）。したがって委任契約では，原則として委任事務が終わらなければ報酬を請求することができない。しかし，委任事務（獣医療）を行うにあたって必要とする費用の前払いを請求することはできる（民法第649条）。例えば，診療費用の一部であるレントゲン検査，臨

床検査，投薬などの費用請求がこれに該当する。

民法第648条の特約とは，必ずしも双方が明示し確認し合う必要はない。これを「黙示の特約」という。獣医療における診療報酬の請求は，その特約によるものと解されている。

2）主治医権

主治医権とは，ほかの医師が診療に介入することを拒否する権利をいう。日本の医療では，通説は主治医権を明確に定めていない。診療契約に伴い医師側に主治医権の発生もあり得るとする説もある。しかし，使用者責任，共同責任などもあり，主治医権を強く主張することは難しいとされている。獣医師についても同様の見解といえよう。

5．関連事項
1）無契約診療

「動物の愛護及び管理に関する法律」（動物愛護管理法）の第36条は，動物の死体や負傷動物の発見者の通報措置を定めている。犬・猫についてはその所有者に，所有者不明の場合は都道府県知事に通報する。通報のあった都道府県はその動物を収容しなければならないと定めている。動物の愛護は善意のみならず制度として定めている。

現代の社会的背景からしても，獣医師が契約によらない診療を行う機会は今後増えていくものと思われる。例えば，交通事故で受傷している動物を通行者が最寄りの獣医療施設に運びこんだりする場合がそれに該当する。民法では，このような場合における診療や処置（事務管理）について定めている。

2）一般事務管理

一般事務管理とは，他人のための事務を管理することである（民法第697条）。すなわち，義務はないのに，動物の診療をすることなどを意味する。依頼された診療ではないが，不慮の事故にあった動物の利益のために診療することもこれにあたる。診療後は速やかに所有者（占有者）に引き取るように連絡してもよい。登録されている動物であれば，該当する市町村の役所に連絡すれば所有者は判明する。なお，チップを犬（動物）に施す制度は，個体識別と所有者特定に大きく寄与するものと期待できる。

3）緊急事務管理

緊急事務管理とは，一般事務管理よりさらに急迫した状態で対応にあたった管理者（獣医師）に対して，民法はある程度の注意義務を軽減し，重大なる過失や悪意のない限り，その責任を免じようとする規定である（民法第698条）。急迫した状態で疾患動物の治療を実施した際における事故などに対し，獣医師の過失責任は軽減される。交通事故などで搬入された動物の緊急診療はこの適用を受け，仮に過失はあっても損害賠償は免責されるように管理者（獣医師）を保護した法規である。

4）管理継続業務

獣医師の好意的な処置であったとしても，これを中断することは疾患動物にとって危険であると判断される場合，民法第700条はこれを禁止している。すなわち，管理者（獣医師）は，所有者が管理できる状態まで治療する責任がある。途中で管理（診療）を中止し，それによって不慮の事故が発生すれば，獣医師の責任になることもある。

5) 費用賠償請求権

　診断や治療にあたって要した費用について，管理者（獣医師）は所有者に対し費用の返還を請求できる（民法第702条）。すなわち，緊急事務管理として，病気や怪我をした動物を保護および治療を行った後に所有者が判明すれば，診療費を請求することができる。

参考文献
 1) 日本獣医師会．日本獣医師会雑誌．Vol 51 (4)．1998．

Note

演習問題

第4章　獣医療法

4-1．獣医療法の目的について，正しい組み合わせはどれか。
1．診療施設の開設および管理について定める。
2．獣医療の提供体制の整備および獣医療の確保について定める。
3．獣医師の身分について定める。
4．獣医事審議会について定める。
5．獣医薬品の需給について定める。

a．1, 2　　b．1, 3　　c．2, 3　　d．1, 4　　e．2, 5

4-2．獣医療施設の管理について，正しい組み合わせはどれか。
1．開設者である獣医師は管理者になり得る。
2．非獣医師が開設する場合は獣医師に管理させる。
3．診療施設の管理は非獣医師でもよい。
4．管理者として獣医師を2人以上要する。
5．管理獣医師は臨床研修の修了証明を必要とする。

a．1, 5　　b．1, 2　　c．2, 3　　d．3, 4　　e．4, 5

4-3．獣医療法の定める広告の規定として，<u>不適切な広告</u>はどれか。
a．獣医師名，診療施設名
b．学位または称号，専門科名
c．家畜防疫員
d．家畜体内受精卵の採取を行うことができる
e．医療相談

4-4. 獣医療法第13条は，開設者および管理者に対し，都道府県計画達成のため診療施設の全部または一部を開放し利用させるよう要望している。利用者として法の定める獣医療関係者として，正しいものはどれか。
   a．獣医学部在学中の学生
   b．家畜人工授精師
   c．診療施設に勤務していない獣医師
   d．大学院博士課程の学生
   e．動物看護師(職)

4-5. 日本政策金融公庫からの資金貸付対象者として，正しいものはどれか。
   a．獣医師であれば制約はないので，自由に貸付の申請はできる。
   b．犬と猫を診療する目的で，非獣医師が獣医業を拡張発展させるために貸付の申請はできる。
   c．家庭動物診療を専門とする獣医師で，ごくまれに産業動物も診療する獣医師も貸付の申請はできる。
   d．年間診療業務量の50％以上が畜産業にかかわる動物診療が見込まれる診療施設の開設者は貸付の申請はできる。
   e．自治体が動物園を新しく開設する資金として貸付の申請はできる。

4-6. 家畜共済制度について，正しい組み合わせはどれか。
   1．牛・馬・豚などを対象とした共済制度である。
   2．死亡・廃用となった家畜について補償する制度である。
   3．牛・馬・豚などのケガや病気の治療費を補償する制度である。
   4．家畜共済保険法により規定される制度である。
   5．掛金について，国は一切補償をしない制度である。

   a．1, 2, 3   b．2, 3, 4   c．3, 4, 5   d．1, 2, 4   e．2, 4, 5

解答：61ページ

解 答

4-1. 正解 a
解説：獣医療法第1条は以下のように定めている。
「この法律は，飼育動物の診療施設の開設及び管理に関し必要な事項並びに獣医療を提供する体制の整備のために必要な事項を定めること等により，適切な獣医療の確保を図ることを目的とする」したがって，諸問の1，2が正解といえる。

4-2. 正解 b
解説：獣医診療施設の管理は獣医療法第5条に，「開設者は，自ら獣医師であってその診療施設を管理する場合のほか，獣医師にその診療施設を管理させなければならない」と定めている。したがって，診療施設の管理者は，獣医師自らが開設して管理者となる以外で非獣医師が診療所を開設した場合には，獣医師に管理者を委託しなければならない。法律上，非獣医師は管理者になり得ない。管理獣医師2名以上を要する規定はない。獣医師に臨床研修の修了証明書は必要とされていない。

4-3. 正解 e
解説：獣医療法は広告の制限を第17条に定めている。広告してもよいものは次のとおりである。
1)獣医師または診療施設の専門科名，2)獣医師の学位または称号，3)農林水産省令により広告制限の特例として認められたもの。(獣医療法施行規則第24条第3号に家畜体内受精卵の採取，同条の第8号に家畜防疫員の広告を許している。)

4-4. 正解 c
解説：獣医療法第13条は，「開設者及び管理者は，都道府県計画の達成に資するため，その診療施設の業務に差し支えない限り，その建物の全部又は一部，設備，器械及び器具をその診療施設に勤務しない獣医師の診療，研究又は研修のために利用させるように努めるものとする」と定めている。したがって，正解はcの診療施設に勤務しない獣医師である。

4-5. 正解 d
解説：獣医療法施行規則第22条は，「法第14条第3項に規定する畜産業の振興に資するための診療施設の整備とは，整備を図ろうとする診療施設に係る1年間の診療の業務量に占める牛，馬，めん羊，山羊，豚，鶏，うずらその他の畜産業に係る飼育動物の診療の業務量の割合が50％以上となることが見込まれる場合における診療施設の整備とする」と定めている。したがって，設問のdに該当する者は開設資金として貸付の申請はできる。

4-6. 正解 a
解説：家畜共済制度は，農業災害補償法の第3章第3節に定められている。対象となる家畜は，牛・馬・豚などの家畜であり，死亡・廃用となった家畜の補償やケガ・病気の治療費などを補償する。したがって，生命保険・健康保険としての性格を持っている。家畜共済保険法は存在しない。また，掛金について国からの一部補助がある。

第5章 獣医療事故に関わる法律と予防対策
advance

一般目標：獣医療事故発生の現状を認識し，獣医事紛争の惹起される原因および対応策を検討し，獣医療事故の予防方法と発生した場合の事故処理および紛争の解決法の概要を修得する。

➡ **到達目標**
1) 獣医療事故発生の現状認識，原因を説明できる。
2) 獣医療事故の様態および予防対策事項を説明できる。
3) 獣医療事故に対する獣医師の個人的対応方法，組織的対応策と賠償保険制度を説明できる。

➡ **学習のポイント・キーワード**
故意・過失，獣医療事故，獣医療過誤，獣医事紛争，二次診療，動物殺傷害，刑事・民事責任，行政・社会責任，獣医療過誤の判例，獣医療過誤の予防，過失相殺，期待権，ADR

5-1. 獣医療事故の意味

獣医療事故は，獣医師による獣医療が「好ましくない結果」になったことをいう。飼育動物の多様化，高度獣医療の普及など獣医療環境の複雑化に加え，市民生活における消費者の権利意識は高くなってきたため，相互間における権利・義務の主張による軋轢は増加傾向にあり，獣医療事故を原因とした紛争も増加している。

5-2. 獣医療事故の分類

1. 獣医療事故

獣医療事故とは，獣医療継続中に惹起した好ましくない結果のことであり，診断，治療などの獣医療行為に過失はなくても，保定の不手際，入院中の飼育管理などにより事故が発生することもある（図5-1）。

2. 獣医療過誤

獣医療過誤とは，獣医師が病気の動物の診療過程において，過失により傷害，機能不全，死亡など，好ましくない結果をもたらすことをいう（図5-1）。

3. 獣医事紛争

獣医事紛争とは，獣医療事故や獣医療過誤などを原因とした，動物の所有者と獣医師との争いをいう。獣医事紛争は獣医療事故や獣医療過誤はなくても，所有者の誤解などによって起こることもある（図5-1）。獣医療事故や獣医療過誤などによる賠償責任を伴う獣医事紛争では，加害者における故意・過失の有無が問題になる。その定義は次のとおりである（表5-1）。

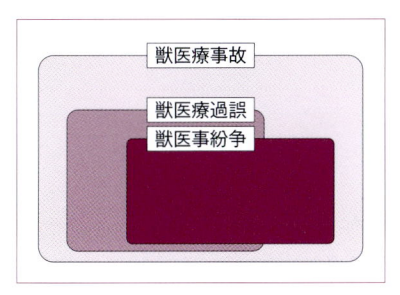

図 5-1 獣医療事故・獣医療過誤・獣医事紛争の関係

表 5-1 故意・過失の定義

故意・過失
刑法や民法は，不法行為責任であれ，債務不履行責任であれ，加害行為によって生じた損害の賠償義務が発生するには，原則として加害者に故意・過失のあったことを要件としている（民法第709条，第415条）。**故意**とは，自己の行為により，第三者の権利を侵害することを知りながら，あえて行為に出る意思をいい，**過失**とは，相手方に権利の侵害が生ずることを認識すべきであったのに，これを認識せず行為をなしたという注意義務違反をいう。

5-3. 獣医療過誤の成立要件

1. 獣医療過誤の主観的成立要件

　獣医療過誤が成立するためには，まず獣医師に責任能力のあることが要件として挙げられる。すなわち，診療を行った当時，獣医師が心神喪失などの状態であれば，免責の対象となり得ることもある。しかし，心神喪失を招来した原因に故意または重大な過失がある場合は，その責任を免れることはできない（民法第713条）。その法理は「原因において自由な行動」といわれ，酩酊中における診療行為の責任はこれに該当し免責にはならない。

2. 獣医療過誤の客観的成立要件

①権利の侵害が認められること

　すなわち，他人の権利を侵害する不法行為の成立は，民法第709条「不法行為による損害賠償」に規定され，刑法においては器物損壊罪（刑法第261条）に該当する。

②損害が認められること

　獣医療過誤の成立のためには，刑法上は，傷害・致死（器物損壊）などの発生を要件とする。民法では，権利の侵害のほかに損害の発生も要件として求めている。したがって，損害がなければ損害賠償請求権は発生しない。損害は，発生当時の損害のみならず，将来に起こり得るであろうと予想される損害（得べかりし損害）も含める。

③行為と結果に因果関係があること

　診療行為と損害発生とのあいだに，因果関係が存在することを成立要件とする。

3. 不作為と因果関係

　獣医師が当然施すべき獣医療行為を怠ったとすれば，その責任を追及される。例えば，所有者が診

療費を払わないことを理由に故意に獣医療を行わず，そのために動物が死亡した場合，このような行為は，獣医師としての人道的責任，特に動物愛護の専門職としての倫理に背く行為として排斥される。

5-4. 獣医療過誤の類型
1. 技術的過失
　手術時にガーゼやピンセットなどを体内に遺留した場合，あるいは不完全な消毒で術後細菌感染を惹起した場合，輸血の際に血液型を誤判して異型輸血をした場合などは，獣医師としての最低限度の常識とも考えられる基礎的な過失によるものであり，物的証拠も明確で過失の認定も比較的容易である。

2. 診断の過失
　疾病の診断を誤ったことにより惹起された獣医療過誤は，単純に誤診に対する過失が認められる場合と，誤診のうえに治療法を誤った二重の過失が存在する場合とがある。

　誤診は，獣医師の診断が疾病の病態と合致しないことであるが，過失の立証は難しい。例えば，甲という疾病の診断がつくが，同時に乙という疾病の疑いを払拭しきれないケースも診断の実際には少なくない。その場合，甲・乙双方に有効な治療法を施すことが可能であれば問題はない。しかし，両者の治療法が異なり，甲の治療に重点を置いた結果，乙の疾病の進行が早く，手遅れとなった場合，疾患の発見が遅れたとして，過失責任を問われることもある。しかし，この種の過失を皆無とすることは獣医学的には不可能に近く，早期発見の技術が客観的に可能であったと判断されたときのみ獣医療過誤は成立する。

　この種の事案の争点は，獣医師の検査業務の義務をどの範囲まで広げるかにより，開業獣医師と大学の診療施設でも差異がある。また，専門医と非専門医とでは，要求される注意義務に差がある。そこで，開業医や非専門医の場合は，専門医や二次診療施設に動物を移送する時期やそれまでの措置を注意義務として要求される。

3. 治療の過失
　疾患の診断に誤りはないが治療法に誤りが認められた場合であり，当該獣医師の選択した治療法以外の方法によれば，不利益は発生しなかったと認められたときにその過失は問題となる。獣医療行為は所有者の同意，すなわちインフォームド・コンセントが成立すれば，どのような処置をしてもよいということではない。「最高に善良なる管理者」としての注意義務を心掛けなければならない。

5-5. 獣医療過誤における責任
1. 刑事責任
　人の医療過誤における刑事責任は，業務上必要な注意を怠り過失によって患者を傷害または死に至らしめた場合，刑法第211条「業務上過失致死傷等」，刑法第210条「過失致死」に問われる。

　過失の判定については，注意義務を怠ってはいないか，結果を予見する義務や危険回避義務に対する違反はないか，などが問題となる。

　獣医療過誤においても，刑法第211条の適用を受けた例もある。それは，獣医師が犬の狂犬病を誤診したため，その犬に咬傷を受けた患者が狂犬病に罹患したとして，獣医師が業務上過失罪に問われた事案である（大審院判例．刑録16輯．292頁）。

1）器物損壊罪

　動物は刑事上において器物に相当し，器物損壊罪の客体となる。なお，本罪は親告罪であるため，告訴がなければ公訴を提起することができない。

　器物損壊罪（刑法第261条）は，他人の物を損壊または傷害することによって問われる。傷害とは，動物に対する毀損も含まれることを判例は示している。器物損壊罪は，3年以下の懲役または30万円以下の罰金もしくは科料である。

　過失は責任条件のひとつであり，過失によって生ずる責任を過失責任という。

　民法では，過失責任と故意責任は原則的に同価値に扱われ，いずれも損害賠償義務を生ずる（民法第710条）。

　刑法では，過失責任は故意責任より軽微に扱われ，失火（刑法第116条），過失往来危険（第129条），過失傷害（第209条），過失致死（第210条）など悪質な犯罪に対して重い刑事責任を科している。

2）現行刑法に対する疑念

　動物を器物として扱う現行法には，多少の疑問がある。ほかの器物と異なり，動物は赤い血液の出る生き物であり，福祉や愛護は人に次いで普及している。刑法の制定は明治40年であり，その当時，動物にかかわる獣医療過誤が将来にこれほど多発するとは，当時の立法者の誰にも予想できなかったことであろう。

3）動物の愛護及び管理に関する法律（動物愛護管理法）による責任

　動物愛護管理法第2条の基本原則において，動物は「命あるもの」と定められている。同時に，何人も動物をみだりに殺傷し苦痛を与えることのないようにするのみでなく，人と動物の共生に配慮しつつ，動物の習性を考慮して適正に扱うよう要望した。

　さらに，平成24年の法改正案では第2条に次の条文を付加し，動物愛護の徹底を要望している。

　「何人も，動物を取り扱う場合には，その飼養又は保管の目的の達成に支障を及ぼさない範囲で，適切な給餌及び給水，必要な健康の管理並びにその動物の種類，習慣等を考慮した飼養又は保管を行うための環境の確保を行わなければならない」と，定めている。

　なお，平成24年の法改正案では，同法第6章の罰則規定を強化し，次のように定めている。
①愛護動物を殺し，又は傷つけた者は，2年以下の懲役又は200万円以下の罰金に処する（第44条第1項）。
②愛護動物に対し，みだりに給餌若しくは給水をやめ，酷使し，又はその健康及び安全を保持することが困難な場所に拘束することにより衰弱させること，自己の飼養し，又は保管する愛護動物であって疾病にかかり，又は負傷したものに適切な保護を行わないこと，排せつ物の堆積した施設又は他の愛護動物の死体が放置された施設であって自己の管理するものにおいて飼養し，又は保管すること，その他の虐待を行った者は，100万円以下の罰金に処する（第44条第2項）。
③愛護動物を遺棄した者は，100万円以下の罰金に処する（第44条第3項）。
④前3項において「愛護動物」とは，次の各号に掲げる動物をいう。
　　・牛，馬，豚，めん羊，山羊，犬，猫，いえうさぎ，鶏，いえばと及びあひる。
　　・前号に掲げるものを除くほか，人が占有している動物で，哺乳類，鳥類又は爬虫類に属するもの。

前述のとおり，動物愛護管理法は動物愛護の基本理念を明らかにするよう改正された。

2．民事責任
1）不法行為
　獣医療過誤においては，民法第709条に定められた不法行為に対して賠償責任を負わなければならない。
①慰謝料請求
　獣医師の不法行為によって生じた損害に対する慰謝料の請求は，実質的損害に対する慰謝料と同時に精神的損害に対する賠償も請求される。
②権利者
　損害賠償の請求をし得る権利者は，動物の所有者である。
③義務者
　損害を与えた獣医師の不法行為は，原則として自己の行為であることを前提とする。

　したがって，獣医療過誤における損害賠償義務者は損害を加えた獣医師である。しかし，入院動物の世話をしている飼育係にのみ責任のあるような不法行為があれば，飼育係自身にも責任があるといえよう。その場合においても，使用者である獣医師に責任は拡大される。なお，不法行為で訴えた場合の挙証責任（訴訟上，事実の存否が確認できない場合，事実の不発生を認めることにより生じる当事者一方の不利益）は原告（所有者）側にある。

2）債務不履行
　委任契約においては，行為の実行を委任され，それを引き受けた者が債務者（獣医師）である。その債務者が契約のとおりに約束を果たさなかった場合を「債務不履行」という（民法第415条）。債権者（所有者）が債務者（獣医師）を債務不履行として訴えると，債務者はその訴えに対して反証を提出して応訴しなければならない。すなわち，挙証責任は債務者（獣医師）側にある。

3）共同責任
　日本の医療においては，主治医のみに責任（主治医権）を科してはいない。したがって，共同して診療を行い，その結果として医療過誤の生じた場合は，共同してその責任を負わなければならない。また，診療補助者（有資格）の行為であっても，連帯して責任を負わなければならないこともある。
　したがって，複数の獣医師が共同して診療を行い，その結果，獣医療過誤が生じた場合，診療に関係した獣医師のうち誰に過失があったかを実証できなければ，連帯して損害賠償の責任を負うことになる（民法第719条第1項）。

4）使用者責任
　被用者（獣医師）の診療行為が，客観的にみても動物に被害を及ぼしたものであれば，その被用者の使用者である獣医師も責任を問われる。これは，その不法行為が使用者たる獣医師の面前で行われた行為でなくても責任は生じる（民法第715条）。
　使用者責任を免責または軽減される理由としては，被用者の選任，業務の監督について相当の注意を払い，なお相当の注意をして診療を行ったとしても，事故の発生を免れ得なかったことを証明する

ことが必要とされている。

　診療施設の経営者が雇った獣医師の不法行為に対しても，その経営者に使用者責任が生じる。また，使用者に代わって被用者を監督する立場にあった院長や部長なども，使用者責任を問われることがある。

5）管理責任

　工作物（動物診療施設など）の設置または保存に瑕疵（欠陥）がある場合，その所有者や占有者に責任を科している（民法第717条）。その理由は，危険責任という法理による。危険性の高い工作物（動物診療施設など）を管理する者は，常に危険の防止に十分な注意を払わなければならない。廊下で転倒したり，負傷したり，窓から墜落し傷害を受けたりした場合に，その損害賠償責任は管理者に負担させるのが妥当とされている。これは，無過失責任の法理にも通ずる。

6）獣医療契約に基づく責任

　債務不履行があったとして訴えられたとき，動物診療施設は契約責任を負う。動物診療施設における診療契約の当事者は，動物診療施設開設者と動物所有者であり，契約責任は開設者にあるとされるので，獣医療担当者は診療施設の使用者としての立場にとどまり，この種の診療施設固有の管理責任を負うことはない。

7）法律上の効果

　法律上の効果は，損害賠償請求権の発生である。損害賠償の方法には，金銭賠償と原状回復の2種類がある。日本の民法では，金銭賠償を原則としている（民法第417条）。

　賠償金額は原告の請求に基づいて，裁判所がこれを定める。さらに裁判所は，被害者の請求により，損害賠償と同時に，または損害賠償に代えて被害者の名誉を回復するのに適当な処分を加害者に命じることもできる（民法第723条）。謝罪広告などがそれに相当する。

8）請求権の消滅

　医療過誤についてみれば，刑法第211条に該当する業務上過失致死傷害罪の公訴時効は，5年である。民法第709条の不法行為による損害賠償請求権は，損害および加害者を知ってから3年，事故のときより20年，民法第415条に該当する債務不履行による場合は，事故の発生した時点から10年を経過すれば，時効が成立する。獣医療過誤における時効もそれに準ずると考えられる。

3. 動物診療施設の自己責任

　動物診療施設の自己責任とは，診療施設内で事故が起きたとき，診療施設自体（開設者）が他人の責任を代替するのではなく，固有の責任として損害賠償責任を負うことである。この背景には，現代の獣医療は専門職の分業形態をとっていることがある。特に多種の従事者の関与する獣医療組織（例：大学附属動物診療施設）では，事故の起きた場合，その責任を特定の個人に負担させることは困難であり，動物診療施設に直接，責任を負担させた方が賠償上からも妥当である。動物診療施設の自己責任の内容としては，次のようなものがある。

1）動物診療施設の建物，設備などの管理責任
　動物診療施設の設備などの瑕疵を原因として事故が発生したと認められる場合は，無過失責任の適用も考えられる。

2）組織上の過失に基づく責任
　獣医療体制，看護体制，時間外勤務体制，救急獣医療体制などの不備や欠陥が原因となる場合，すなわち建物や設備などの物的な問題とは異なり，主に人的な原因との関係が問題となる場合である。例えば，時間外に専門医との連携はとれるかなどの人的な体制整備，動物の転落事故の救急，点滴装置のはずれが修正できず治療効果が激減したようなときはそれにあたる。

4．行政責任
　獣医師法第 8 条「免許の取消し及び業務の停止」には，応召義務違反，届出義務違反，身体不自由などにより業務の遂行の行えない者，麻薬，大麻，あへん中毒者，獣医師として品位を著しく損ねた者については，免許の取消しまたは業務の停止を命ずることもできると定めている。
　第 28 条の規定により業務の停止命令に違反した者は，1 年以下の懲役，50 万円以下の罰金に処せられる。獣医師の詐称，無診察による薬物・各種診断書の交付，応召義務違反，届出義務，診断書および検案書の虚偽記載，診療簿などの保存義務違反，死体検案の拒否などは，20 万円以下の罰金に処せられる（第 29 条）。獣医療過誤によって責任を問われた獣医師は，獣医師としての品位を損ねたとする第 8 条第 2 項第 4 号に該当するものといえよう。

5．社会的責任
　6 年間の獣医学教育を基礎として，職業に対する自覚，権利・義務および職業倫理などは涵養されているといえる。獣医師の務めは，動物の診療や保護を通じて飼育者の利益を守ろうとするもので，獣医師の職業上の義務（professional liability）を履行することにより，結果的に動物の所有者（飼育者）は利益を受ける（反射的利益ともいう）。それが獣医療過誤により所有者の権益を侵害することになれば，法的な責任のみならず道義的・倫理的責任も生ずることとなる。

5-6．獣医療過誤の防止対策
　獣医療過誤を未然に回避するためには，以下の点について留意することが必要であると考えられる。

①受任者としての注意義務と診療の範囲を守っているか。
　獣医師は，その学識，経験，技術を信頼され，診療を依頼されている。したがって，民法上の受任者として，最善の方法を尽くす義務がある（民法第 644 条）。診療の範囲は，インフォームド・コンセントを経たうえであれば，治療法を限定されることはまれである。とはいえ，外科的手術の場合に切開部に病原が発見されないとき，所有者に無断で他の部位を切開してよいとはいえない。所有者の承諾を得たうえで他の部位を切開すべきであろう。しかし，手術中に生命の危険が予測される緊急処置などは例外である。

②診療経過報告と指導義務は守られているか。
　獣医師には，所有者に対し診療についての報告を行う義務がある（民法第 645 条）。また，獣医師は

診療した動物の衛生管理および保健衛生の向上などに必要な指導をする義務がある（獣医師法第20条）。

③問診や臨床検査などはとどこおりなく行われているか。
　特異体質などの有無を事前に確かめ，処置の際に不測の事故を惹起しないよう最善の注意を必要とする。

④診療簿の記載は正しく行われているか。
　事故の発生した場合，最初に調査される物的証拠は診療簿（カルテ）である。

⑤電話による処方などは慎むべきである。
　電話での対応による処方や指示は，事故が発生しても証拠に乏しく，水かけ論になることが多い。

⑥特別に高い治療費を必要とする場合は事前に打ち合わせる。
　費用と効果，獣医療費の出来高払いは，獣医療の宿命的課題といえよう。

⑦所有者の秘密は守られているか。
　医師や弁護士などには，業務上知り得たことをみだりに漏らしてはならない義務があるが，獣医師も同様であろう（刑法第134条：歯科医師および獣医師は医師に類すると考えられる）。

⑧インフォームド・コンセントは成立しているか。
　診療にあたっては，動物所有者に当該動物の病態・治療法・予後・飼育管理などについて，詳しく説明し，同意を得たうえで治療にあたる。

5-7. 裁判所の審判に関連する事項

1. 過失相殺
　獣医療事故における損害の発生または拡大が被害者（所有者）側にも過失のある場合には，これを斟酌して加害者（獣医師）側の責任の有無や賠償額が決定される。これを一般に過失相殺という。すなわち，不法行為による損害の発生，損失について，被害者にも過失があったときは，裁判所は，これを考慮して，損害賠償の額を定める（民法第722条第2項）．債務不履行に関しては，債権者（所有者）にも過失があったときは，裁判所は，これを考慮して損害賠償の責任及びその額を定める（民法第418条），とされている。民法第418条に関しては，損害賠償額に限らず損害賠償責任の有無を決めること，被害者（所有者・債権者）にも過失が存在すれば過失相殺は必要条件となることが第722条と異なる。

2. 期待権
　期待権とは，「獣医師は必ず獣医療水準に則り，最高に適切な獣医療を実施してくれるであろう」という，所有者の期待を法的に保護する権益の理念といえよう。すなわち，獣医療に起因した動物の身体的障害と当該獣医師との因果関係の立証が困難である場合に，所有者の権益を保護し，獣医師の責任を追及する概念でもある。期待権は，現段階では医療における判例上，完全に定着した法理とは言

い難い。

　期待権を肯定する判決としては，福岡地方裁判所〔昭和48年（ワ）第1020号〕の判決がある。一般的に期待権に対して，下級審では肯定傾向に，上級審では否定傾向にあるといわれている。この期待権を厳格に採用すれば，獣医療は自己防衛的になり，萎縮する懸念もある。反面，不適切・不誠実な獣医療も問題になっている。期待権は，動物所有者の権益を保全するとともに，獣医療への警鐘であるといえよう。

5-8．裁判の仕組み
1．刑事裁判
　獣医師の獣医療に関する刑事責任は，主として器物損壊罪である。しかし，獣医師による狂犬病の誤診が人の死亡の原因となり，当該獣医師が業務上過失罪に問われた判例もある（大審院判例．刑録16輯，292頁）。

　警察の捜査過程において犯罪容疑がある者を容疑者と呼び，検察庁が起訴すれば被疑者と呼ばれるようになる。刑事裁判の仕組みは，図5-2に示すとおりである。

2．民事裁判
　獣医師の獣医療に関する民事責任については，準委任契約に基づき（民法第656条），債務不履行，または所有権を不法に侵害されたとする不法行為責任を問われる。一般に，第一審は簡易裁判所か地方裁判所で行われる。民事裁判においては，訴えられた獣医師を被告，訴えた動物所有者を原告と呼ぶ。民事裁判の仕組みは，図5-3に示すとおりである。

3．少額訴訟制度
　少額訴訟制度とは，民事訴訟のうち，60万円以下の金銭の支払いをめぐる争いを早期に解決するための手続きである（民事訴訟法第368条）。獣医療過誤においては，比較的少額訴訟も多い。少額訴訟制度は費用の面に加え，判決までの日数も短く，適切な訴訟であろう。その仕組みは図5-4に示すとおりである。

4．民事調停
　民事調停とは，動物所有者と獣医師とのあいだの紛争を，裁判官が双方の言い分を聴き，証拠を調べ，判決によって紛争を解決する手続きである。申し立ては，簡易裁判所または地方裁判所に行う。費用も安価で，例えば10万円の損害賠償金を請求した場合，その手数料は600円である。なお，話し合いによる解決（和解・示談）もある。その仕組みは，図5-5に示すとおりである。

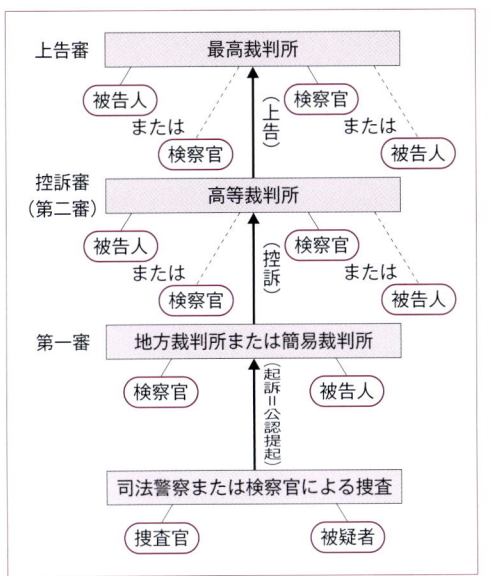

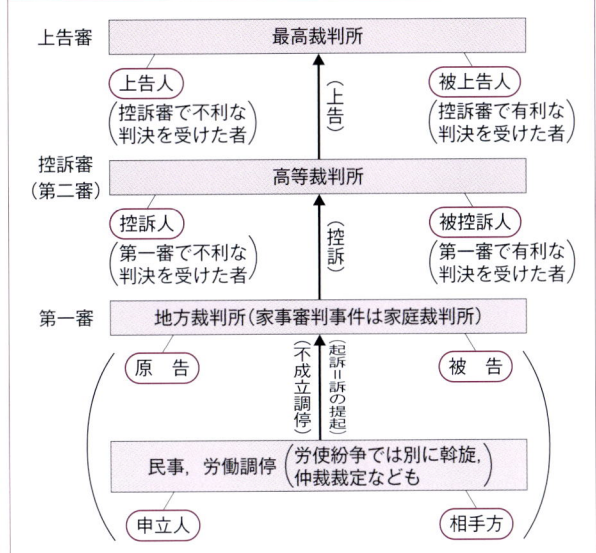

図5-2 刑事裁判の仕組み

図5-3 民事裁判・行政裁判の仕組み

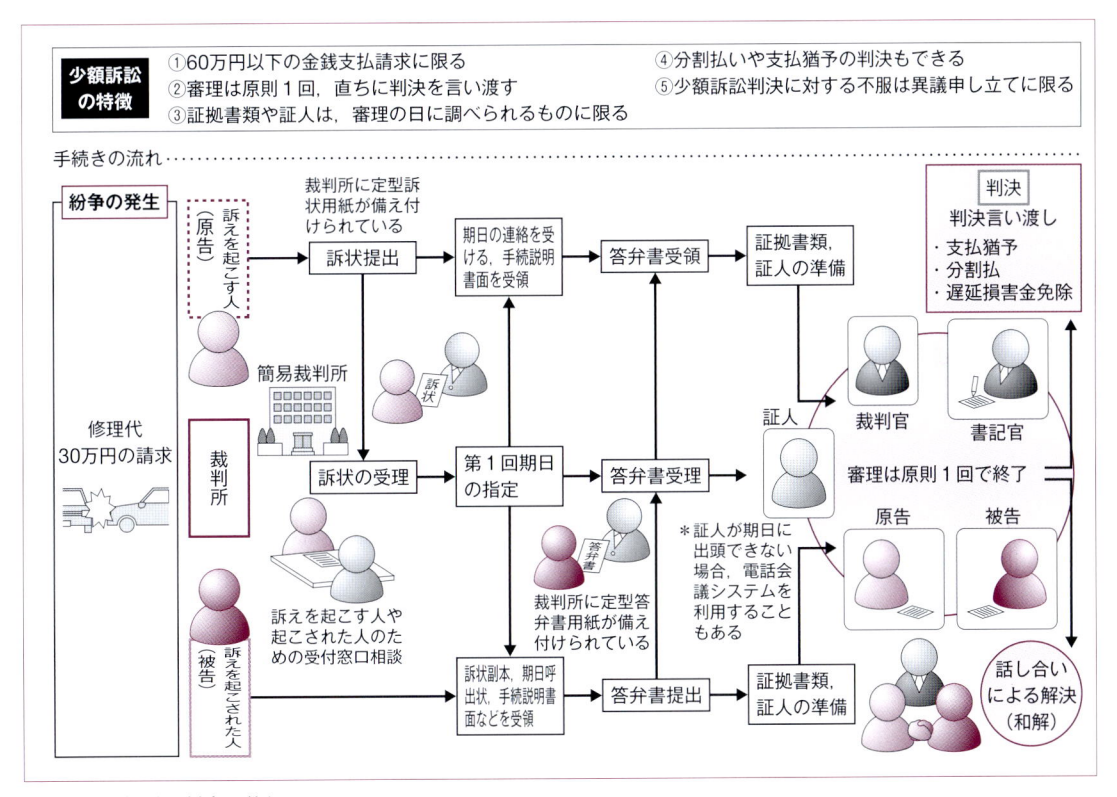

図5-4 少額訴訟制度の仕組み

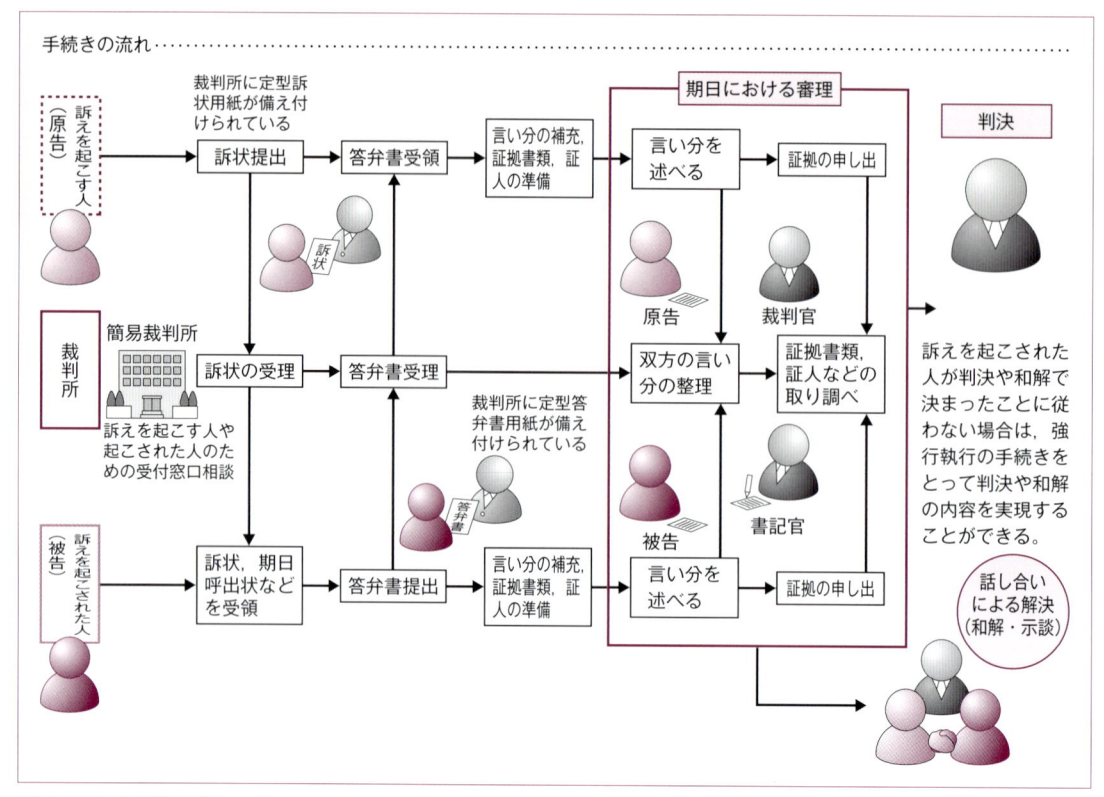

図 5-5　民事調停の仕組み

5-9．裁判外紛争解決手続（ADR）

　裁判外紛争解決手続(alternative dispute resolution, ADR)は，訴訟手続きによらず民事上の紛争を解決しようとする当事者のため，公正な第三者が関与して紛争解決を図る手続きのことである。この手続きの方法は，「裁判外紛争解決手続の利用の促進に関する法律」（ADR 法）（平成 16 年 12 月 1 日法律第 151 号）に規定されている。

　公正な第三者に該当する者として，司法機関，行政機関，民間機関がある。ADR 法では，民間機関における紛争解決手続の業務に関し，認証制度を設けている。東京都医師会医事紛争処理委員会，東京都歯科医師会医事処理委員会は，民間独立型の ADR として認証されているが，現段階では日本獣医師会関連の紛争処理委員会などは見当たらない。士業の ADR（弁護士，司法書士，行政書士，不動産鑑定士など）として，行政書士 ADR センターには，動物愛護に関する紛争処理の ADR が認証されており，すでに活動している。ADR の仕組みは，図 5-6 に示すとおりである。

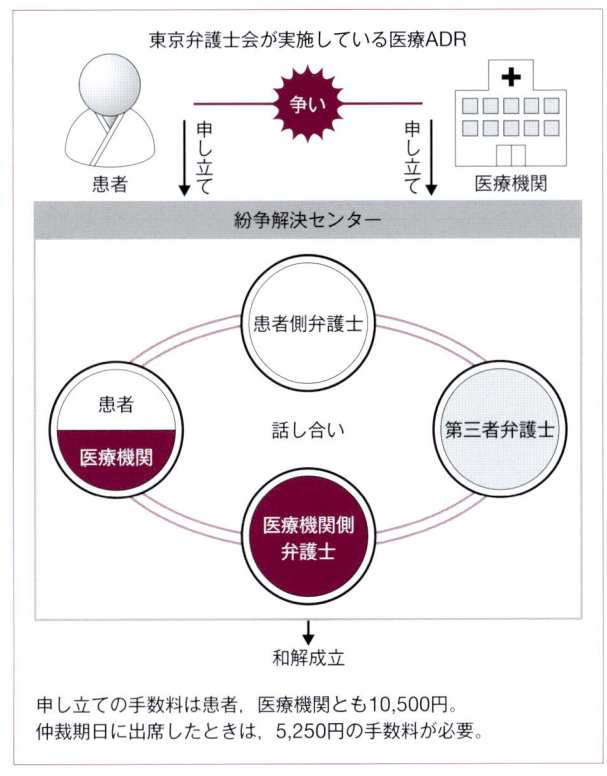

図 5-6　医療事故における裁判外紛争解決手続(ADR)の仕組み

5-10. 獣医師の債務不履行と民事訴訟の判例
1. 獣医療事故の概要
　全国で発生する獣医療事故は，完全に集積されているとはいえない。医療に関しては，最高裁判所の年次統計があり，全国規模で集計されている。ここでは獣医師賠償責任保険中央審議会による，第1回より第100回までの集計数を提示する(表5-2)。

2. 急性腎不全を起こした雌猫の事例
　以下は，獣医師の診断・治療に誤診があるとして，債務不履行による損害賠償および慰謝料の請求を求めた民事訴訟の判例である。裁判所は，獣医師に重大な過失はないとして原告の訴えを退ける判決をくだしたが，本件のような訴訟は最近増加傾向にあるので，臨床を業とする獣医師は常に万全の対応を心掛けるべきであろう(横浜地裁．昭和62年2月25日判決)。

1) 事案の概要
　原告は，雌猫Rを所有していた家族3名である。家族3名は，1979年1月14日生まれの雌猫Rを大切に飼育していた。被告は，神奈川県内で動物診療施設を経営する獣医師Pである。雌猫Rは先天性腰椎欠損症であり，生後5カ月頃から後駆麻痺を起こし，巨大結腸などに起因する便秘症や膀胱炎を合併し，被告である獣医師Pの診療を受けていた。
　1982年8月11日，雌猫Rは急性腎不全を併発，食欲不振，嘔吐などの症状を呈し，被告Pの診療もむなしく，同年8月15日，尿毒症によって死亡した。

表 5-2　獣医療における事故と賠償の内容

動物別		事故内容				処理内容											注射ショック	無責	その他（備考）
		小計	死亡	障害	逃亡	その他	小計	誤診	治療ミス	手術ミス	投薬ミス	注射ミス	麻酔ミス	消毒ミス	管理ミス	保定ミス	その他			
	馬	17	14	3			15		6		1	6	2					1		1(訴訟)
	牛	60	49	8		3	51	3	7	10	11	10	4		2	5		6	2	2
	豚	29	29				5		1	2		1				1		23	1	1
	犬	198	163	14	20	1	155	3	13	20	19	15	40		36	1	8	30	8	5(審査中)
	猫	21	14	2	5		19		4	4	2		3		5	1			1	1(訴訟中)
その他	小鳥	1	1				1		1											インコ
	羊	1	1				1					1								サフォーク種
	飼い主	4		4			4									1	3			
	合計	331	271	31	25	4	252	6	32	36	34	32	47	2	44	11	8	59	13	7

獣医師賠償責任保険中央審議会審議内容（第1回より第100回まで）にみられる事故内容および有責性の分類

　原告側は，被告Pが雌猫Rの腎障害を見過ごし，単に胃腸障害と誤診して外科的手術を実施せず，適切な治療を怠ったため死亡したものであるとして訴えた．原告側のひとりは童話作家であり，雌猫Rを主人公とした作品を発表していたが，それもできなくなった．また，家族同様に慈しみ育ててきた雌猫Rの死亡による精神的苦痛はきわめて深く，それを慰謝するため，原告側の家族は合計750万円の慰謝料を相当として被告獣医師Pに請求した訴訟である．

2）裁判所の審理経過

　雌猫Rは，先天的に腰椎がひとつ欠損しているため，脊髄の圧迫により脊髄神経に障害を生じ，生後3カ月頃より，訴外獣医師Mの診療を受けていた．同獣医師Mは，後駆麻痺を予測して原告に知らせていた．実際にその2カ月後から麻痺が起こり起立不能となったが，1979年12月頃より，後駆麻痺は一応安定した．

　その後，原告側の家族は転居し雌猫Rもそれにしたがったので，病気の診療を近在の開業獣医師Pに依頼するようになった．当時雌猫Rは，後駆麻痺のため尻を床に引きずり，褥瘡を生じやすく，膀胱炎，巨大結腸による便秘症などが認められていた．被告獣医師Pはそれに対し，抗生物質，消炎剤，下剤，浣腸などの処置で対応していた．しかし，病状は悪化傾向をたどり，1982年8月14日，原告は再び訴外獣医師Mの診察を受けた．訴外獣医師Mは大小便を排出して対症療法を施した後，人工肛門，尿道口の再建以外に救命が難しいという内容を原告側に説明し，外科専門の獣医師Nを紹介した．原告側は手術については即答を避け，雌猫Rを連れて帰った．

　原告側から手術に関し連絡がないので，被告獣医師Pが原告に電話連絡した際，原告側は被告獣医師Pに対して，「手術は口実で，安楽死を実行する計画ではないか？」という主旨の応答があった．そこで，被告獣医師Pは，原告側には雌猫Rの手術を受ける意志はないものと判断，その旨を訴外獣医師Nらに連絡し，手術を取り消した．やがて雌猫Rは歩行不能，起立不能となり死亡した．

　こうした被告獣医師Pの獣医療上の対応に関し，原告側は誤診を主張した．被告獣医師Pは雌猫Rの腎障害を見過ごし，いたずらに胃腸障害の治療のみを行い，外科的手術も行わず悪い結果を招来したもの，すなわち獣医師Pの誤診と雌猫Rの死亡とには因果関係があるというのである．

　裁判所では原告側，被告側の尋問による弁論および訴外獣医師Mの証言などから，次のような見解を示している．被告獣医師Pは，雌猫Rの病態を単純に胃腸障害に起因するものとはみなしていない．制吐剤，補液，膀胱炎治療のための抗生物質，腎障害に対する処置としてはステロイド剤を投与

している。また，尿閉を伴う急性腎不全に対する治療措置として，外科的措置をとらなかったことに対しては誤診ではないとし，その後における被告の行動から推察しても，被告獣医師 P の治療や診察態度は不適当とはいえないとしている。

外科的措置については，訴外獣医師 M によって原告側に，手術の適応性と同時に困難であることや危険性の高いことなどを含めて連絡している。原告側の対応は，電話ではあったが，手術に名を借りた安楽死でなかろうかと判断している向きもあり，被告獣医師 P はその旨を訴外獣医師 N らに連絡して手術の手配を取り消している。したがって，手術措置に対しても被告を非難することはできないとしている。また，そのほかに，被告獣医師 P の措置に不適当であることを認める証拠はないと裁判所は判断した。

3）裁判所の結論
①原告らの請求はいずれも棄却する。
②被告側は 750 万円の慰謝料を支払わなくてもよい。訴訟費用は原告側の負担とする。本件にかかる訴訟費用は，民事訴訟法第 89 条，第 93 条第 1 項（注：現行同法第 61 条，第 65 条第 1 項）によって原告側の負担とした。

4）考察
本件は，横浜地方裁判所で扱われた第 1 審である。前述のように被告である獣医師 P の全面的な勝訴として第 1 幕は降りた。判決文を通読した限りでは，原告側はかなり興奮気味に訴訟を起こしたようにも思われる。

本件において，被告は債務不履行（民法第 415 条，第 416 条）で訴えられているので，その場合は，挙証責任，つまり無過失の立証は被告（獣医師）側で行わなければならない。幸いにも，訴外獣医師 M および N など人格，学術，見識豊かな獣医師の適切な証言もあって，被告側の勝訴が導かれたものと推定される。なお，判決文のなかで，被告や訴外獣医師は「獣医」と記録されている。これは，内科医，外科医，歯科医などと記録されている別の判決文が存在することを考慮すると，それと同レベルの表現として理解すべきことかもしれない。しかし，同判決文中に「同医師は雌猫 R の後躯麻痺の前兆を発見し」との語句もみられるので，裁判官の「獣医師」「獣医」に対する理解度に多少の疑念を抱かざるを得ない。

3. 獣医療訴訟の裁判例
●東京地裁　平成 2 年（ワ）第 12875 号
犬のフィラリア虫除去手術の最中に，その犬が心拍数減少，不整脈を来して死亡した事案において，死因はフィラリア症及び心室拡大であって，手術を担当した獣医師に義務違反はないとされた事例
事件番号：平成 2 年（ワ）第 12875 号
事件名：債務不存在確認等請求事件
裁判年月日：平成 3 年 11 月 28 日判決
裁判所名：東京地方裁判所
部：民事第 10 部
判タ 787 号 211 頁

●大阪地裁　平成8年(ワ)第2167号
　猫の出産に関して行った陣痛促進剤の投与が不適切であったため死亡に至らしめたとして，獣医師に求めた損害賠償が認容された事例
　　事件番号：平成8年(ワ)第2167号
　　事件名：損害賠償請求事件
　　裁判年月日：平成9年1月13日判決
　　裁判所名：大阪地方裁判所
　　部：民事第3部
　　判時1606号65頁　判タ942号148頁

●宇都宮地裁　平成9年(ワ)第529号
　猫の避妊手術に関して獣医師の医療行為が不適切であったため死亡に至らしめたとして，獣医師への損害賠償請求が認容された事例
　　事件番号：平成9年(ワ)第529号
　　事件名：損害賠償請求事件
　　裁判年月日：平成14年3月28日判決
　　裁判所名：宇都宮地方裁判所
　　部：民事第1部

●京都地裁　平成13年(ワ)第509号
　犬・猫以外の動物の死亡事故につき飼い主の慰謝料請求を認め，ペットの生命維持可能性の侵害に対し，8万円の慰謝料請求を認めた事例
　　事件番号：平成13年(ワ)第509号
　　事件名：損害賠償請求事件
　　裁判年月日：平成15年8月5日判決
　　裁判所名：京都地方裁判所
　　部：民事第4部

●東京地裁　平成15年(ワ)第16710号
　犬の糖尿病治療について，獣医師がインスリンの投与を怠ったとして，飼い主から損害賠償請求が認められた事例
　　事件番号：平成15年(ワ)第16710号
　　事件名：損害賠償請求事件
　　裁判年月日：平成16年5月10日判決
　　裁判所名：東京地方裁判所
　　部：民事第30部

●名古屋高裁金沢支部　平成15年(ネ)第330号
　動物病院での腫瘍の切除手術を受けたペット犬の飼い主が同手術をした獣医師等に対して提起した説明義務違反，治療義務違反を理由とする損害賠償請求について，同手術前において同腫瘍の良性，

悪性の判別をするために，必要な組織生検を実施してその結果に基づき飼い主に治療法の説明をすべき診療契約上の義務があったのに，生検を実施せず，上記説明義務を尽くさないで同手術を行ったため，飼い主の有するペットに対する治療法選択に関する自己決定権が侵害されたと認定して，治療費，慰謝料及び弁護士費用の合計42万円の損害賠償請求を認容した事例

　　事件番号：平成15年(ネ)第330号
　　事件名：損害賠償請求控訴事件
　　裁判年月日：平成17年5月30日判決
　　裁判所名：名古屋高等裁判所金沢支部
　　部：民事第1部
　　原審裁判所名：金沢地方裁判所小松支部
　　原審事件番号：平成15年(ワ)第1号

●東京地裁　平成17年(ワ)第20670号
　ペットの飼い主ら5名が，その所有するペットが獣医師の診断を受けた際，ペットが死亡したり後遺症を負ったことについて，当該獣医師との診療契約締結時に詐欺行為があった，動物傷害行為があった，診療時の注意義務違反があったとして，不法行為，債務不履行に基づく損害賠償を請求した事例

　　事件番号：平成17年(ワ)第20670号
　　事件名：損害賠償請求事件
　　裁判年月日：平成19年3月22日判決
　　裁判所名：東京地方裁判所
　　部：民事第14部

●札幌高裁　平成18年(ネ)第197号
　地方競馬の競走馬が手術を受けた際，獣医師が縫合針等を残置した。それらを原因として，安楽死せざるを得なくなった競走馬の損害賠償請求事件につき，獣医師の過失を認め，さらに縫合針の残置と競走馬の死因に因果関係を認めた事例

　　事件番号：平成18年(ネ)第197号
　　事件名：損害賠償請求控訴，附帯控訴事件
　　裁判年月日：平成19年3月9日判決
　　裁判所名：札幌高等裁判所
　　部：民事第2部
　　原審裁判所名：釧路地方裁判所北見支部
　　原審事件番号：平成15年(ワ)第27号

演習問題

第5章　獣医療事故に関わる法律と予防対策

5-1. 動物を殺害や傷害した者を罰する際に用いる刑法上の正しい罪名はどれか。

　　a．動物殺傷罪
　　b．動物損壊罪
　　c．動物傷害罪
　　d．器物損壊罪
　　e．器物傷害罪

5-2. 動物を「命あるもの」と定めた法律はどれか。

　　a．動物の愛護及び管理に関する法律（動物愛護管理法）
　　b．家畜伝染病予防法
　　c．獣医療法
　　d．環境基本法
　　e．獣医師法

5-3. 獣医療過誤の民事訴訟における，債務不履行（民法第415条）による訴訟において，債権者として正しいものはどれか。

　　a．診療を担当した獣医師
　　b．診療を依頼した動物所有者
　　c．獣医師の代理人
　　d．所有者の代理人
　　e．裁判所の指名した代理人

5-4. 裁判外紛争解決手続（ADR）制度について，誤った記述はどれか。

　　a．ADRは，裁判外の紛争解決をいう。
　　b．ADRは，訴訟手続を必要としない。
　　c．ADRを都道府県獣医師会は関与できる。
　　d．ADRを行政書士は認証されている。
　　e．ADRを東京獣医師会紛争委員会は認証されている。

解答：79ページ

解 答

5-1. 正解　d
　　解説：刑法上の動物は器物に相当する。したがって器物損壊罪の対象となる。器物損壊罪は刑法第 261 条に定められ，親告罪であるため告訴がなければ提訴されない。

5-2. 正解　a
　　解説：動物の愛護及び管理に関する法律（動物愛護管理法）第 2 条には，動物は命あるものと定められている。動物は従来，刑法では器物，民法では物（有生動物）として扱っていた。動物愛護管理法の改正により，初めて動物を生命体として認知した。

5-3. 正解　b
　　解説：委任（準委任）契約における債務不履行（民法第 415 条）の訴訟においては，訴えられた獣医師は債務者であり，訴えた動物の所有者が債権者である。獣医師は，債権者（所有者）の訴えに対し反証を提出して応訴することになる。

5-4. 正解　c
　　解説：裁判外紛争解決手続（ADR）とは，公正なる第三者が仲介して紛争の解決を行う法制度である。公正なる第三者としては，民間企業も該当し，東京都医師会医事紛争処理委員会はその認証を受けている。また，弁護士，司法書士および行政書士などを士業の ADR というが，行政書士は愛護動物紛争の ADR を認証され，すでに活動を行っている。

第6章 獣医師のコンプライアンス

advance

一般目標：獣医療事故および獣医師の犯罪に対する，刑事・民事・行政・社会責任の概要を学習し，獣医師としての責任を修得する。

➡ **到達目標**
　1）獣医療事故および獣医師の犯罪に対する制裁過程を説明できる。
　2）獣医療過誤に対する法律上の責任と社会的責任を説明できる。

➡ **学習のポイント・キーワード**
　損害賠償，獣医療過誤

6-1. 獣医師免許の停止と取り消し

　獣医療過誤などにより主として損害賠償事案や，その他刑事法に違反し，刑事罰および行政罰として獣医師免許の取り消しおよび業務の停止を命じられた者について，2008年から2012年までの期間における集計を表にまとめた[1]（表6-1）。

　最も多い犯罪は，薬事法違反で8件，いずれも免許の停止期間は2年以下の短期間である。ただし，再犯の1名に関しては免許の停止期間が3年間と長い。免許の取り消しを命じられた2名は，ともに殺人または致死傷の犯罪を犯している。その他，わいせつ行為，詐欺，横領なども比較的多く見受けられる。獣医師免許にかかわる違反としては，国家試験合格後，獣医師免許未登録のまま獣医療にたずさわった1名と，無免許者を雇用し獣医療行為をさせていた1名が責任を問われている。

6-2. 獣医療関係者の責任

　獣医師の職業上における過失にかかわる責任については，第5章（獣医療事故に関わる法律と予防対策）にその概要を述べた。本章は，獣医師法や獣医療法および薬事法など獣医療関連法規以外に市民として刑事法に違反したいくつかの事例を表示するもので，獣医師の非行をことさら強調する意図はまったくない。

　類似する職種である医師・歯科医師など，獣医師数より多人数の集団における当該犯罪の方が多いことはいうまでもない。

　制度上の課題としては，獣医師の場合，免許の停止や取り消しなど行政処分にかかわる審議機関に，政令として獣医事審議会が制定されている。その権限は国家試験実施と合格者判定を行い，獣医師の懲戒にも関与するので，権限の重複を指摘する医事法学者もいる。日本獣医師会は獣医師道委員会を設置しているが，任意に設置された委員会であり，医道審議会のような権限はない。獣医師道は，薬剤師や人工授精師および動物看護師などにも求められる理念である。近い将来，獣医療においても法規として定める獣医師道審議会の設置も必要となろう。

　ちなみに，医道審議会は政令によって定められ，審議会は各分野別に，医師・歯科医師・保健師助産師看護師・理学療法士作業療法士・あん摩マッサージ指圧師・はり師きゅう師および柔道整復師・薬剤師・死体解剖資格審査などの分科会を設置している（医道審議会令．平成12年6月7日政令第

表6-1 獣医師の犯罪

No.	罪　名	刑期(年)罰金	猶予(年)	免許の停止・業務の取り消し(年)	備　考
1	わいせつ画販売	1.6	3	1	
2	薬事法違反	罰金50万円	なし	1	
3	詐欺	2	4	1.6	
4	暴行	1	3	2	
5	覚せい剤使用	2	なし	2	
6	器物破損	1.2	3	2	
7	脅迫	2.6	3	1.6	
8	暴力不良行為	0.6	4	1	
9	薬事法違反	罰金30万円	なし	1	
10	暴力不良行為	罰金30万円	なし	0.4	
11	廃棄物投棄	1	3	0.6	
12	薬事法違反	10カ月 罰金50万円	なし	3	前科：薬事法違反2件
13	わいせつ致死傷	2.6	なし	取り消し	
14	薬事法違反	1.6	4	2	
15	薬事法違反	罰金60万円	なし	0.6	
16	薬事法違反	1	3	1.6	
17	薬事法違反	罰金10万円 有限会社100万円	なし	1.6	
18	放火	2.6	なし	3	
19	殺人	11	なし	取り消し	
20	道路交通法違反	罰金50万円	なし	0.2	
21	薬事法違反	罰金50万円	なし	0.6	
22	公職選挙法違反	2.6	5	2.6	
23	青少年保護育成条例違反	罰金10万円	なし	0.3	
24	暴行	罰金50万円	なし	0.1	
25	無免許	なし	なし	0.2	国家試験合格
26	獣医師法違反	罰金20万円	なし	0.5	無免許者就業
27	わいせつ行為	罰金30万円	なし	0.4	
28	業務上横領	なし	なし	0.1	
29	業務上横領	なし	なし	0.1	
30	詐欺横領	5	なし	2	
31	器材無許可販売	2	3	2	

(出典：家畜衛生週報. 農林水産省. 2008～2012.10を採録)

285号. 最終改正平成20年3月31日政令第94号）。

参考文献
1) 農林水産省消費・安全局 畜産安全管理課 動物衛生課. 家畜衛生週報. 2008～2012.10.

第7章 比較獣医事法 advance

> 一般目標：日本の獣医師免許制度および外国の獣医師免許制度を比較考察し，獣医師の円滑な国際交流の推進について理解する。

➡ **到達目標**
　1）日本の獣医師免許と外国の獣医師免許，教育体制を比較し，説明できる。

➡ **学習のポイント・キーワード**
　獣医師免許，獣医学教育，獣医師国家試験，獣医師国家試験予備試験，認証評価制度，獣医学教育のグローバル化

7-1．諸外国における獣医学教育制度と獣医師資格制度

　獣医師の資格を取得するためのシステムは国によって異なる。諸外国においては，高等学校卒業後に獣医科大学に入学するシステムもあれば，アメリカのように4年制大学を卒業してから獣医科大学に入学し，専門教育を受けるシステムもある。また，獣医学教育機関における修業年限は，国によって4〜6年間と幅がある。なお，欧州連合（EU）においては指令2005/36/ECにより，修業年限は5年以上と定められている。

　EUでは多くの加盟国において，獣医師の資格を与える機関は大学である。一方，獣医師資格取得のための国家試験を実施している国もある。EUでは，労働市場の柔軟化とサービスの提供の自由化の観点から，指令2005/36/ECにより，職業資格を加盟国相互に自動的に承認するシステムが構築されている。獣医師もこのシステムの対象であり，加盟国において認められた獣医師の資格は，国内に限らずEU域内で自動的に相互承認される。相互承認には，EUにおける獣医学教育機関における教育の標準化と調和が前提となる。このため指令2005/36/ECで，各加盟国の獣医学教育が満たすべき基準や教育プログラムに最低限組み込むべき項目，またこれらの要件を満たし相互承認が可能な獣医師資格の種類などが定められている。

　アメリカにおいて獣医師免許を取得するには，全国試験である北米獣医師免許試験（North American Veterinary Licensing Examination, NAVLE）に合格したうえで，各州が実施する免許試験を受けなければならない。全国試験を受験するには，アメリカ獣医師会（American Veterinary Medical Association, AVMA）による認証評価を受けた獣医学教育機関で教育を受けることが必要であり，これはアメリカのほとんどの州において獣医師免許を得るための必須条件となっている。

　日本において獣医師になろうとする者は，獣医師国家試験に合格し，政令で定める額の手数料を納めて，農林水産大臣の免許を受けなければならない（獣医師法第3条）。国家試験の受験資格については獣医師法第12条に定められている。外国の獣医学校を卒業した者等は，一定の手続きを経て日本の獣医師国家試験受験資格を得ることができる。これらの者については，本人の申請に基づいて獣医事審議会が受験資格の認定審議を行う。その結果，獣医師国家試験を受験することが適当と認められた場合は，当該認定を受けたあとに実施される獣医師国家試験を受験することができる（第12条第2号）。また，獣医師国家試験予備試験を受験することが適当と認定された場合は，獣医師国家試験予備

試験に合格したあとに獣医師国家試験を受験することができる(第 12 条第 3 号)。

7-2. 獣医学教育機関の認証評価制度

　諸外国においては，獣医学教育機関における教育研究水準の維持と継続的向上のための認証評価制度があり，各機関の教育研究活動の状況について，一定の基準を満たしているかどうかの判断を中心とした評価が行われている。

　EU では，獣医師資格の相互承認の前提として，獣医学教育の標準化と加盟国間での調和および教育の一定水準の確保についてのモニタリングと評価が必要になる。この目的のために，欧州獣医学教育機関連合(European Association of Establishments of Veterinary Education, EAEVE)が各加盟国の獣医学教育機関の認証評価を行っている。

　アメリカにおいては，AVMA による獣医学教育機関に対する認証評価が行われている。アメリカのほとんどの州において獣医師免許を受けるためには，この認証評価を受けた獣医学教育機関を卒業することが必要である。

7-3. 獣医学教育のグローバル化

　獣医学領域においては獣医学教育のグローバル化が始まっている。AVMA，EAEVE，イギリスの王立獣医師協会(Royal College of Veterinary Surgeons, RCVS)などの獣医学教育機関の認証評価機関は互いに連携し，それぞれの機関が運用する手続きと基準を比較検討することで，より統一的な認証評価システムを構築する可能性を模索しはじめている。

　国際社会において獣医学が求められる役割を果たしていくためには，獣医学教育の質と獣医師が提供するサービスを，可能な限りの高水準に維持し，均質化していくとともに，相互に獣医学的科学情報を提供し，技術的支援を行うなど，世界各国が連携協調する必要がある。我が国においても，獣医学および獣医師の果たすべき任務について，世界的視野に立って検討し，国際社会においてその役割を十分に果たすことができるよう，たゆまぬ努力を続けていくことが求められる。

演習問題

第7章　比較獣医事法

7-1. 各国の獣医師教育制度について，誤っているものはどれか。
 a．獣医師の資格を取得するためのシステムは国によって異なる。
 b．高等学校卒業後に獣医科大学に入学するシステムをとっている国もある。
 c．アメリカにおいては，高等学校卒業後，ただちに獣医科大学に入学することができる。
 d．諸外国において獣医学教育機関における修業年限は，おおよそ4～6年間である。
 e．EU指令では，獣医学教育機関における修業年限は5年以上と定められている。

7-2. EUにおける獣医師資格に関して，誤っているものはどれか。
 a．EUでは多くの加盟国において，大学が獣医師の資格を与える機関である。
 b．国によっては，資格取得のための国家試験を実施している国がある。
 c．一定の要件を満たした獣医師の資格は，EU域内で自動的に相互承認される。
 d．EU指令では，域内で相互承認が可能な獣医師資格の種類が定められている。
 e．獣医学教育に関して，各加盟国が満たすべき基準は特に存在しない。

7-3. アメリカにおける獣医学教育システムについて，誤っているものはどれか。
 a．アメリカにおいて獣医学教育機関の認証評価を行っているのは，アメリカ獣医師会（AVMA）である。
 b．アメリカでは，獣医師資格を取得するための全国試験がある。
 c．各州独自の免許試験は存在しない。
 d．全国試験を受けるには，認証評価を受けた獣医学教育機関で教育を受けなければならない。
 e．獣医師免許を得るには，認証評価を受けた獣医学教育機関を卒業しなければならない州がほとんどである。

7-4. 日本における獣医師資格の取得について，誤っているものはどれか。
 a．獣医師になろうとする者は，獣医師国家試験に合格したうえで，農林水産大臣の免許を受けなければならない。
 b．国家試験の受験資格は，獣医療法で定められている。
 c．外国の獣医学校を卒業した者は，一定の手続きを経て日本の獣医師国家試験受験資格を得ることができる。
 d．外国の獣医学校を卒業した者は，獣医事審議会による認定を受ければ，日本の獣医師国家試験を受験することができる。
 e．外国の獣医学校の出身者は，日本の獣医師国家試験の受験に先立って，獣医師国家試験予備試験に合格しなければならない場合がある。

7-5. 諸外国における獣医学教育機関の認証評価制度について，正しいものはどれか。
   a．獣医学教育機関の認証評価制度は，各教育機関の経営状態の調査が目的である。
   b．認証評価においては，教育機関の資産について一定の水準が確保されているかの評価が行われる。
   c．EUにおいて各加盟国の獣医学教育機関の認証評価を行うのは欧州獣医師会である。
   d．EU加盟国間では，獣医学教育レベルが極端に異なる国同士であっても，獣医師資格が相互承認される。
   e．アメリカ，EU，イギリスの認証評価機関は互いに連携し，統一的な認証評価システムを構築しようとしている。

解答：86ページ

解　答

7-1. 正解　c
解説：アメリカにおいては，4年制大学を卒業してから獣医科大学に入学する。

7-2. 正解　e
解説：EU指令で，各加盟国の獣医学教育が満たすべき基準や教育プログラムに最低限組み込むべき項目が定められている。

7-3. 正解　c
解説：アメリカで獣医師資格を取得するには，全国試験に合格したうえで各州の免許試験を受けなければならない。

7-4. 正解　b
解説：国家試験の受験資格を定めているのは獣医師法である。

7-5. 正解　e
解説：獣医学教育機関の認証評価制度は，獣医学教育や研究の水準の維持が目的である。認証評価においては，獣医学教育について一定の水準が確保されているかが評価される。EUにおいて獣医学教育機関の認証評価を行うのは，欧州獣医学教育機関連合（EAEVE）である。EU加盟国間で獣医師資格を相互承認するためには，各国における獣医学教育が一定の水準に達している必要がある。

Note

第8章 食品の安全性確保に関する法規
advance

一般目標：畜産物や水産物における薬剤の残留を防ぐための規制について理解する。

➡ **到達目標**
1）人間や動物の健康に悪影響を与える薬剤の残留を防ぐための規制を説明できる。

➡ **学習のポイント・キーワード**
食品衛生，内閣府，食品安全基本法，食品安全委員会，厚生労働省，農林水産省，リスク評価，リスクコミュニケーション，食品衛生法，食品添加物，動物用医薬品，ADI，飼料添加物，残留農薬，ポジティブリスト制度，コーデックス委員会

8-1. 食品衛生にかかわる我が国の法律

我が国では，憲法第25条により「国民が健康な生活を営む権利」が保障されている。それに基づいて，食品衛生の普及向上と公衆衛生の発展・増進を図るために，食品衛生法，薬事法，と畜場法，農薬取締法，水道法，健康増進法などの法律により食品衛生行政が行われてきた。

近年，食品の製造・加工技術の進歩と諸外国からの輸入食品の増加などにより，多種多様な食品が市場に提供され，国民の食生活はたいへん豊かになった。

一方，食品への有害物質の混入や動物用医薬品・農薬の残留，微生物汚染，食品添加物の使用とその表示など，食品の安全性確保にかかわる様々な問題があり，食品衛生関連の法的規制はきわめて重要になってきている。

食品衛生に関連する法律は食品衛生法，食品安全基本法のほかに様々な法律，法令がある。表8-1にその主なものを示した。

1. 食品安全基本法と食品安全委員会

原材料や製造過程において様々な食品汚染物質の混入を未然に防ぎ，最終的に消費者に供されるまでの安全性を確保するために，いくつかの取り組みがなされている。

近年，日本国内での牛海綿状脳症（BSE）の発生や，それにかかわる農畜産物の産地偽装問題，無登録農薬の使用，輸入食品の残留農薬違反，ダイエット食品による健康被害，大企業による大規模食中毒事件など，食品の安全性にかかわる事件が続発し，従来の縦割りによる食品衛生行政では食品の安全性と消費者の健康を守るためには不十分であることが指摘された。このような背景もあり，2003年，新たに食品安全基本法が制定された。この法律では「国民の健康の保護が最も重要」と基本理念に明記し，「生産から消費までの食品供給行程の各段階における適切な措置」や「国際的動向及び国民の意見に配慮しつつ必要な措置が科学的知見に基づいて講じられることによる国民の健康への悪影響の未然防止」を定めている。

また，この法律に基づき，内閣府に独立行政機関として食品安全委員会が発足した（図8-1）。この委員会は肥料，農薬，食品添加物，動物用医薬品，遺伝子組換え食品，健康食品を対象としてその安全性の科学的評価，調査・審議によりリスク評価（食品健康影響評価）を行う。また，本委員会は関係

表8-1 食品衛生関連法律

食　品　衛　生		食品衛生法 食品安全基本法
関連法規	資　　格	栄養士法，調理師法，製菓衛生師法
	栄養改善	健康増進法
	消費者保護	農林物資の規格化及び品質表示の適正化に関する法律（JAS法） 不当景品類及び不当表示防止法（景品表示法） 消費者保護基本法，消費者基本法 製造物責任（PL）法 家庭用品品質表示法，消費生活用製品安全法 化学物質の審査及び製造等の規制に関する法律 有害物質を含有する家庭用品の規制に関する法律
	その他	と畜場法 食鳥処理の事業の規制及び食鳥検査に関する法律（食鳥検査法） 感染症の予防及び感染症の患者に対する医療に関する法律（感染症法） 計量法，地方自治法，地域保健法 学校給食法，旅館業法，医療法，検疫法，農薬取締法 薬事法，水道法 水質汚濁防止法 毒物及び劇物取締法

新たな食品安全行政

内閣府
食品安全担当大臣 ─ 食品安全委員会
・リスク評価（食品健康影響評価）
・リスクコミュニケーションの実施
・緊急の事態への対応

情報収集・交換 ⇔ 諸外国・国際機関など

その他関係行政機関

評価結果の通知，勧告／評価の要請

厚生労働省
○食品衛生に関するリスク管理
・添加物指定・農薬などの残留基準や食品加工・製造基準などの策定
・食品の製造，流通，販売などにかかる監視指導を通じた食品の安全性確保
・リスクコミュニケーションの実施

農林水産省
○農林水産物などに関するリスク管理
・生産資材の安全性確保や規制など
・農林水産物などの生産，流通および消費の改善活動を通じた安全性確保
・リスクコミュニケーションの実施

リスクコミュニケーション
関係者相互間の幅広い情報や意見の交換

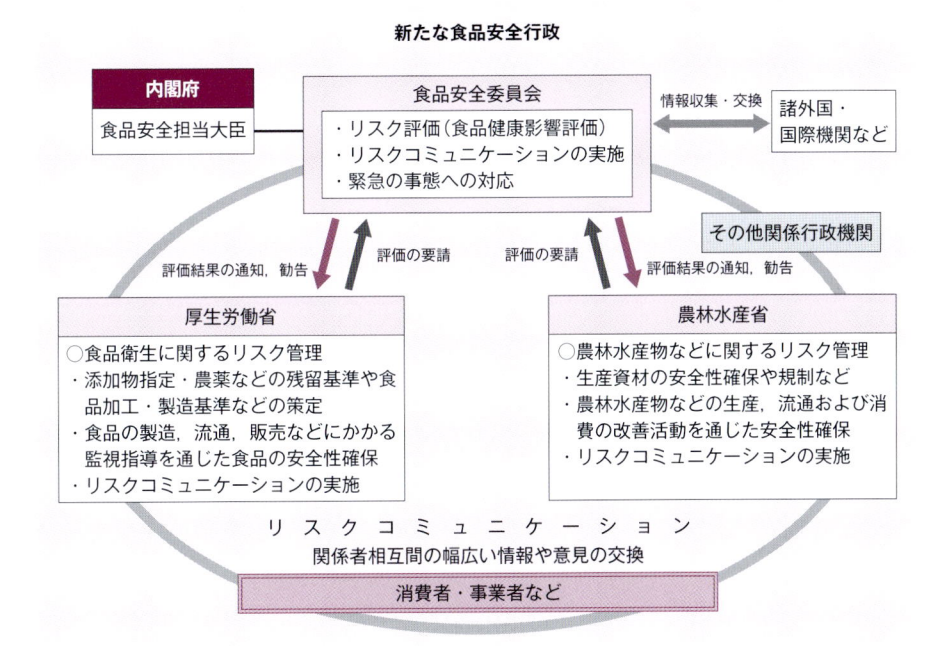

消費者・事業者など

（出典：食品安全委員会パンフレット．食品安全委員会．を参考に作成）

図8-1 食品安全委員会

行政機関相互の情報および意見の交換（リスクコミュニケーション）を行う使命も担っている。食品安全委員会の評価結果を受けた厚生労働省および農林水産省は，リスク管理を行う。さらに，2009年には，「消費者庁及び消費者委員会設置法」に基づき消費者庁と消費者委員会が内閣府に設置され，消費者の安全性確保をはじめとする権利の尊重と自立支援のための新しい取り組みも始められている。

2. 食品衛生法
1）食品衛生法の目的
　食品衛生法は，飲食に起因する衛生上の危害の防止と国民の健康の保護を第一の目的としている（第1条）。食品として不適格なものとしては，次のようなものが挙げられている（第6条を簡略して記載）。
　①病原微生物を含むか，またはそのおそれのあるもの
　②有害な化学物質を含むか，またはそのおそれのあるもの
　③カビが生えたり，異物を含むもの
　④不潔または非衛生的なもの
　また，病畜の食用も禁止されている（第9条）。
　なお，食品衛生法が対象としているのは，すべての飲食物だけでなく，食品添加物，食品に使う器具や容器包装，食器や食材に使う洗浄剤，乳幼児が口にするおもちゃなども含まれる（第4条，第62条）。

2）食品などの規格・基準と食品添加物の使用基準
①食品
　食品衛生法では，乳や乳製品などの乳類，その他の食品など，食品衛生が対象とするすべてのものに衛生的な規格と基準，すなわち成分規格，製造基準，保存基準，表示の基準などが定められている（第11条，第15条～第18条）。なお，乳および乳製品は乳幼児から高齢者まで幅広く消費され，かつ衛生的な問題があった場合にはその影響が非常に大きいため，これらについての規格基準は，ほかの食品とは異なる「乳及び乳製品の成分規格等に関する省令」（乳等省令）によりきめ細やかな規格基準が設定されている。

②食品添加物
　食品添加物には，化学的に合成された添加物と天然物から抽出された添加物がある。食品添加物についてはその組成についての規格基準だけでなく，食品への使用についても許可された条件下のみでしか使用できない基準（使用してもよい食品名，食品別の使用濃度の上限などの使用条件）が定められている。

③農薬の残留規制（食品中の残留基準）
　食品中の農薬の規制については，食品衛生法第7条に基づく「食品，添加物等の規格基準」のなかで，公衆衛生の見地から必要な「食品」の規格基準という位置付けで残留農薬基準値を定めている。残留農薬基準は，食品安全委員会が残留基準値を決める前提となる安全基準を評価し，薬事・食品衛生審議会で審議し，食品衛生法により基準が定められる。残留農薬基準の策定方法は，動物実験による毒性試験の結果から最大無作用量（NOEL）を求め，これから人が生涯にわたり毎日摂取することができる体重1 kgあたりの量，すなわち一日摂取許容量（Acceptable Daily Intake, ADI）が設定される。そして，国際基準値などを参考に，ADI値を超えないように個々の食品の残留基準が設定されている。
　なお，食品衛生法の残留農薬基準は，2006年より一定限度以上の残留を禁止するネガティブリスト制度から，残留基準が設定されている農薬のみを許可するポジティブリスト制度に移行した（図8-2）。主な変更点は，まだ残留基準が定められていない農薬などについては，一律に食品中に0.01 ppmを超

【従前の規制】

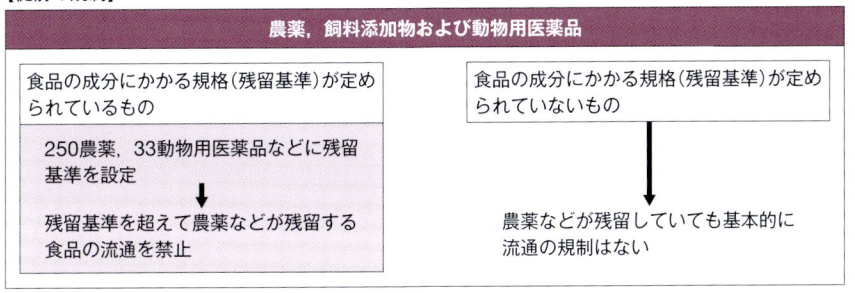

```
農薬，飼料添加物および動物用医薬品
├─ 食品の成分にかかる規格（残留基準）が定められているもの
│    └─ 250農薬，33動物用医薬品などに残留基準を設定
│         ↓
│       残留基準を超えて農薬などが残留する食品の流通を禁止
└─ 食品の成分にかかる規格（残留基準）が定められていないもの
     ↓
   農薬などが残留していても基本的に流通の規制はない
```

【ポジティブリスト制度施行】……2006年5月29日より

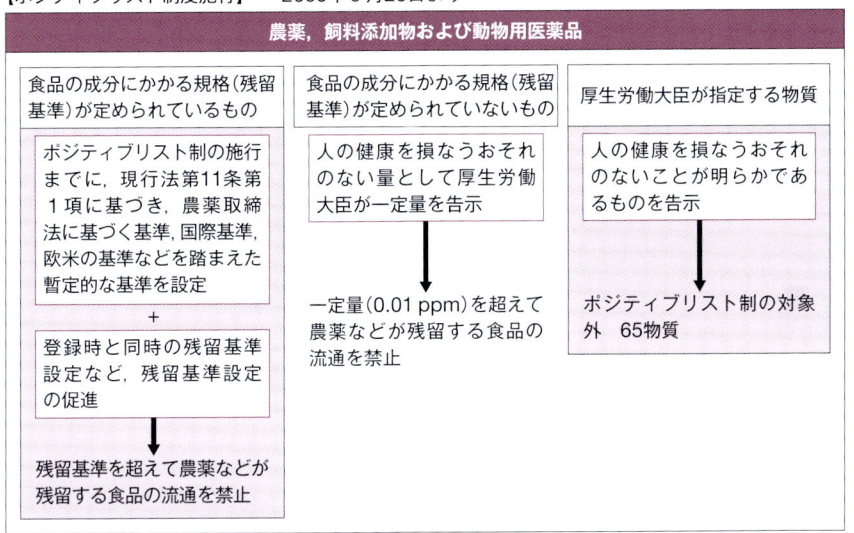

```
農薬，飼料添加物および動物用医薬品
├─ 食品の成分にかかる規格（残留基準）が定められているもの
│    ├─ ポジティブリスト制の施行までに，現行法第11条第1項に基づき，農薬取締法に基づく基準，国際基準，欧米の基準などを踏まえた暫定的な基準を設定
│    │    ＋
│    └─ 登録時と同時の残留基準設定など，残留基準設定の促進
│         ↓
│       残留基準を超えて農薬などが残留する食品の流通を禁止
├─ 食品の成分にかかる規格（残留基準）が定められていないもの
│    └─ 人の健康を損なうおそれのない量として厚生労働大臣が一定量を告示
│         ↓
│       一定量(0.01 ppm)を超えて農薬などが残留する食品の流通を禁止
└─ 厚生労働大臣が指定する物質
     └─ 人の健康を損なうおそれのないことが明らかであるものを告示
          ↓
        ポジティブリスト制の対象外　65物質
```

（食品に残留する農薬等に関する新しい制度（ポジティブリスト制度）について．厚生労働省．を参考に作成）

図 8-2　食品中に残留する農薬等へのポジティブリスト制度の導入

えて残留する食品が販売できなくなったことである．このポジティブリスト制度では，農薬のみでなく飼料添加物および動物用医薬品も対象となる．

また，農薬は農薬取締法によって登録が義務付けられており，使用する際には農薬安全使用基準の遵守が定められている．

④動物用医薬品などの残留規制

抗生物質や化学合成品である抗菌性物質は農薬とならび，畜産物の生産性向上のために，動物用医薬品，飼料添加物として利用が認められている．畜水産食品中に残留して人の健康に危害を与える可能性のあるものについては，使用方法や投与してから出荷までの使用禁止期間などについて，薬事法によって基準が定められている．また，抗生物質などを成長促進の目的で飼料添加物として使用する場合には，「飼料の安全性の確保及び品質の改善に関する法律」（飼料安全法）によって同様の基準が設けられている．

食品に残留する動物用医薬品および飼料添加物の規制については「食品衛生法」に基づき，一般食品については「食品，添加物等の規格基準」により，乳および乳製品については「乳等省令」によって規定されている．

食品衛生法では，「食品一般の成分規格」のなかで「食品は抗生物質などの抗菌性物質を含有して

はならない」と定めており，ただし書きのなかで，①食品添加物として定められているもの，②食品中には検出されてはいけないもの以外のもの，③残留基準のあるもの，④残留基準のないものは一律基準(0.01 ppm)以下の場合に使用が認められている。なお，合成抗菌剤は防カビ剤(食品添加物)などとして使用が認められている。また，乳，肉，鶏卵，魚介類，生食用カキに動物用医薬品の残留基準が定められている。

⑤環境汚染物質(水銀, カドミウム, ダイオキシン)

これらの環境汚染物質は，本来，食品中に存在しないことが望ましいものである。食品衛生法による環境汚染物質に対する規制は，残留基準値という用語を使用せず，暫定基準値という用語を使用している。すなわち，「暫定」としてこの数値が長期間にわたって認められものではなく，環境の汚染を改善するに従ってこの数値を漸次，小さくしていくべき性質のものであるという意味が含まれる。乳類や魚介類ではPCBの許容基準と水銀の許容基準も設定されている。

また，ダイオキシンについては，一日摂取耐容量(Tolerable Daily Intake, TDI)という用語が用いられている。

表8-2-aに食品汚染物質の規格，表8-2-bに暫定的規制値を示す。

⑥容器・容器包装

食品，添加物などの規格基準によって，合成樹脂製器具・容器包装，金属缶，ガラス製・陶磁器製・ホウロウ引き製，ゴム製容器包装および哺乳器具の規格基準が定められている。なお，野菜，果実または飲食器の洗浄に使用する洗浄剤についても成分規格と使用基準が定められている。

このように，食品や器具・容器包装，食品添加物などには様々な規格と基準が設定されており，安全で衛生的な食品などの普及が図られている。

3．食品の国際規格

食の国際化は急速に進み，多量の農畜水産物，食材，半加工食品，加工食品が国境を越えて流通している。日本では牛肉やオレンジなどの農産物の自由化が契機となり，より安価な食材を海外に依存するようになった。しかし，その安全性の確保はいまだ十分とはいえない。

食品の規格基準は国によって異なり，また「食の安全」に関する考え方も一様ではない。したがって国際化した社会においては，国際規格の設定が必要となり，1963年，世界保健機関(WHO)と国連食糧農業機関(FAO)が合同で，コーデックス委員会(Codex Alimentarius Commission, CAC)を設置した。ここでは，食品の国際規格やガイドラインを設定しており，一般的にコーデックス規格と呼ばれている。コーデックス委員会では，食品の表示，食品添加物・重金属の基準値，農薬の残留基準値などのほか，水産食品，加工果実・野菜，乳・乳製品など，食品全般にわたる規格について検討が行われている。

表 8-2-a　食品汚染物質の規格

食　品　一　般	物　　質	規格基準
清涼飲料水（製造用原水については別途規格が定められている）	ヒ素，鉛，カドミウム	不検出
	スズ	150.0 ppm 以下
清涼飲料水（りんごの搾汁及び搾汁された果汁のみを原料とするもの）	上記の他 パツリン	0.050 ppm 以下（50 ppb 以下）
粉末清涼飲料水	ヒ素，鉛，カドミウム	不検出
	スズ	150.0 ppm 以下
食肉製品	亜硝酸根	0.070 g/kg 以下
鯨肉製品	亜硝酸根	0.070 g/kg 以下
魚肉ねり製品（魚肉ソーセージ，魚肉ハム）	亜硝酸根	0.050 g/kg 以下
いくら，すじこ及びたらこ（スケトウダラの卵巣を塩蔵したもの）	亜硝酸根	0.005 g/kg 以下
寒天	ホウ素化合物	1 g/kg 以下（H_3BO_3 として）
米（精米，玄米）	カドミウム及びその化合物	0.4 ppm 以下（Cd として）
小豆類（いんげん，ささげ及びレンズを含む）	シアン化合物	不検出
サルタニ豆，サルタピア豆，バター豆，ベギア豆，ホワイト豆及びライマ豆	シアン化合物	500 ppm 以下（HCN として）
えんどう	シアン化合物	不検出
そら豆	シアン化合物	不検出
らっかせい	シアン化合物	不検出
その他の豆類	シアン化合物	不検出
生あん	シアン化合物	不検出
即席めん類（めんを油脂で処理したもの）	油脂の酸価	3 以下
	油脂の過酸化物価	30 以下

表 8-2-b　食品汚染物質の暫定的規制値

物　　質	食　品	規　制　値
総アフラトキシン（アフラトキシン B_1, B_2, G_1 及び G_2 の総和として）	全食品	10 μg/kg 以下
PCB	魚介類	
	遠洋沖魚介類（可食部）	0.5 ppm
	内海内湾（内水面を含む）魚介類（可食部）	3 ppm
	牛乳（全乳中）	0.1 ppm
	乳製品（全量中）	1 ppm
	育児用粉乳（全量中）	0.2 ppm
	肉類（全量中）	0.5 ppm
	卵類（全量中）	0.2 ppm
	容器包装	5 ppm
水銀	魚介類	
総水銀		0.4 ppm
メチル水銀		0.3 ppm（水銀として）
貝毒	貝類（可食部）	
麻痺性貝毒		4 MU
下痢性貝毒		0.05 MU
ディルドリン	イガイ	0.1 ppm
デオキシニバレノール	小麦	1.1 ppm

演習問題

第8章 食品の安全性確保に関する法規

8-1. 食品安全委員会が設置されている行政機関はどれか。
   a．農林水産省
   b．厚生労働省
   c．環境省
   d．内閣府
   e．消費者庁

8-2. ポジティブリスト制度の対象となるものの正しい組み合わせはどれか。
   1．動物用医薬品
   2．食品添加物
   3．農薬
   4．飼料添加物
   5．カビ毒

   a．1, 2, 3　　　b．3, 4, 5　　　c．1, 2, 5　　　d．1, 3, 4　　　e．2, 4, 5

8-3. 一日摂取許容量を意味する略語はどれか。
   a．TDI
   b．ADI
   c．NOEL
   d．FAO
   e．CAC

8-4. すべての食品を対象に暫定的規制値が定められている食品汚染物質はどれか。
   a．PCB
   b．メチル水銀
   c．ディルドリン
   d．デオキシニバレノール
   e．アフラトキシン

解答：95ページ

解答

第 8 章 食品の安全性確保に関する法規

8-1. 正解　d
解説：a．農林水産物などに関するリスク管理を行う機関である。
b．食品に関するリスク管理を行う機関である。
c．地球環境保全，公害防止など，環境の保全を担当する機関である。
d．科学的知見に基づいて食品のリスク評価を行う機関として内閣府に設置された。
e．消費者の視点から政策全般を監視する組織である。

8-2. 正解　d
解説：a．残留基準が定められていないものについては，一定量を超えて残留する食品の流通を禁止している。
b．食品衛生法に基づく「食品，添加物等の規格基準」により規制している。
c．残留基準が定められていない物については，一定量を超えて残留する食品の流通を禁止している。
d．残留基準が定められていない物については，一定量を超えて残留する食品の流通を禁止している。
e．食品衛生法に基づく「食品，添加物等の規格基準」により規制している。

8-3. 正解　b
解説：a．一日摂取耐容量
b．一日摂取許容量
c．最大無作用量
d．国連食糧農業機関
e．コーデックス委員会

8-4. 正解　e
解説：a．魚介類，牛乳，肉類，卵類などについてそれぞれの規制値が定められている。
b．魚介類ついて 0.3 ppm（水銀として）の規制値が定められている。
c．イガイについて 0.1 ppm の規制値が定められている。
d．小麦について 1.1 ppm の規制値が定められている。
e．全食品を対象に総アフラトキシンとして 10 μg/kg 以下とされている。

第9章 疾病予防・制御に関する法規

advance

> 一般目標：一般的な人獣共通感染症や新興・再興感染症の予防・制御のための法規および重要な動物感染症の制御に関する法規について理解する。

➡ **到達目標**
1) 重要な人獣共通感染症の予防と制御のための法律と獣医師の役割を説明できる。
2) 家畜感染症の予防と制御のための法律と獣医師の役割を説明できる。

➡ **学習のポイント・キーワード**
家畜伝染病予防法，感染症法，狂犬病予防法，食品安全基本法，人獣共通感染症，家畜伝染病（法定伝染病），届出伝染病，牛海綿状脳症対策特別措置法，牛肉トレーサビリティ法，患畜，疑似患畜，監視伝染病，特定家畜伝染病防疫指針，OIE，FAO

　動物あるいは人の感染症を予防または制御するためには，単にそれぞれの個体に対処するだけでなく，小集団（農場，学校），地域，国レベルで総合的に統一した対処が必要となり，行政的に様々な活動を執行しなければならない。したがって，感染症の制御を国全体で遂行するための多くのルール（法規）がつくられている。ここでは，獣医師として知っておかなければならない，動物と人の感染症にかかわる法規と獣医師の役割を中心に概説する。

9-1. 感染症対策にかかわる主な法律

　獣医領域で感染症の予防・制御に関して中心的な役割を果たしている法律は，以下の4法である。「家畜伝染病予防法」は，まさに家畜の伝染病を制御する目的でつくられ，農林水産省が所管している。「感染症の予防及び感染症の患者に対する医療に関する法律」（感染症法），「狂犬病予防法」の2法は人の感染症を対象にした法律で，公衆衛生行政の立場から厚生労働省が所管している。

　最後の「食品安全基本法」は食品衛生全体にかかわる法であるが，畜産物の安全性など獣医領域の感染症とも深くかかわっている。この法はほかの行政省庁から独立した立場で，内閣府に設置された食品安全委員会が所管している（図9-1）。

　これら4つの法律と所管省庁の関係は，それらの法律が成立した経緯を知ると分かりやすいであろう（図9-1）。

1. 感染症の予防及び感染症の患者に対する医療に関する法律（感染症法）

　この法律は人の感染症の予防および患者への医療に関する措置を定めた法律であり，平成10年（1998年）に「伝染病予防法」，「性病予防法」，「エイズ予防法」の3法を統合して制定された。旧法のなかで最も古くからある伝染病予防法は，明治30年（1897年）に制定され，対象疾病は人の主要な感染症であった。しかし，100年ほどを経て，エボラ出血熱や重症急性呼吸器症候群（SARS）など多くの新興・再興感染症が元々は動物に由来する病原体による人獣共通感染症であることが明らかになったことから，「伝染病予防法」から大幅な見直しを図り，新たに「感染症法」を制定した。これにより，人獣共通感染症の感染源である動物への対策も盛り込まれることとなった。

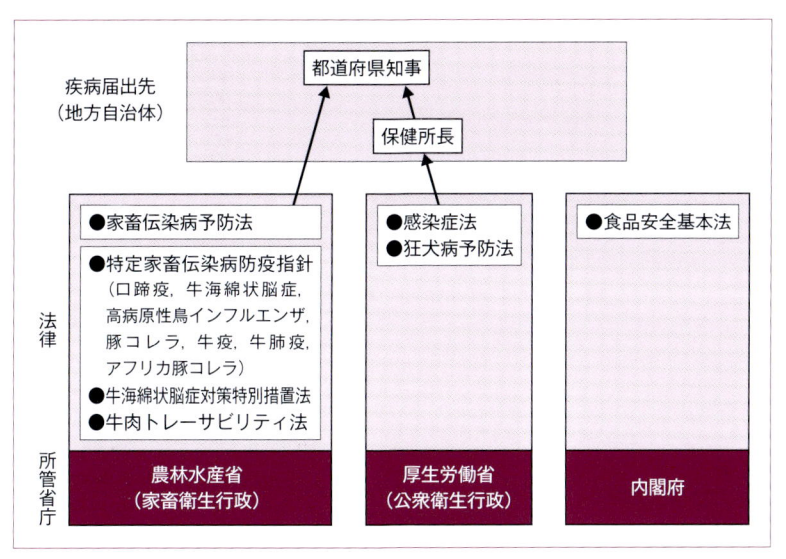

図 9-1　動物感染症の届出先と法律と所管省庁

2. 狂犬病予防法

　この法律は昭和 25 年（1950 年）に制定された。狂犬病は，狂犬病ウイルスの感染によって起こる致死率の高い人獣共通感染症である。制定当時，日本においては人が犬に咬まれて狂犬病を発症する例が多く，野犬の狂犬病ウイルス感染率も高かった。そこで飼い犬の登録，予防注射，野犬の抑留などを規定したこの狂犬病予防法を施行し，その結果，数年で日本から狂犬病を撲滅することに成功した。人の疾病でありながら，感染源である動物の管理を徹底することにより疾病を撲滅したという，歴史的意義の大きい法律である。

3. 家畜伝染病予防法

　この法律は昭和 26 年（1951 年）に制定され，その目的を「家畜の伝染性疾病（寄生虫病を含む）の発生を予防し，及びまん延を防止することにより，畜産の振興を図ることを目的とする」としている。畜産の振興を目的としている点で，明らかに前述の「感染症法」や「狂犬病予防法」と異なっている。この法律は，家畜の伝染性疾病全体を評価し，重要度の高い疾病を「家畜伝染病」（通称「法定伝染病」）または「届出伝染病」に指定して，国家的な措置方法を定めている。ちなみに「家畜伝染病」のなかにも狂犬病は指定されているが，対象動物を犬猫以外の牛，馬，めん羊，山羊，豚としていることからも，この法律の目的が家畜の狂犬病の統御であり，人の狂犬病を対象としていないことが分かる。

4. 食品安全基本法

　食品衛生分野で，例えば人の細菌性食中毒のように，動物由来の病原体が畜産物を介して人に感染する人獣共通感染症もある。食品安全基本法は，食品全体の安全性の確保に関する国の基本理念を定め，様々な施策を総合的に推進する目的を持つが，その役割のなかには，食品中の微生物といった危害要因を科学的にリスク評価する事も含まれている。

　食品安全基本法は平成 15 年（2003 年）に制定，内閣府が所管し（図9-1），同時に内閣府に食品安全委員会の設置を定めた法律でもある。この法律が成立した背景には，2001 年に日本で初めて発見され

た牛海綿状脳症（BSE）の問題がある。BSE は，異常型プリオン蛋白に感染した牛が数年の潜伏期を経て発症し，中枢性神経病変を伴い死亡する疾病である。この異常型プリオン蛋白は，牛肉やその加工食品を介して人にも感染する人獣共通感染症の病原体である。食品安全基本法が成立した当時，牛に餌として与えていた牛肉骨粉または代用乳などが原因で，異常型プリオン蛋白が牛－牛間で循環していると考えられた。この感染サイクルを絶ち，牛肉の安全性を保つために多くの行政措置の改変を必要としたことが，食品安全基本法制定のきっかけのひとつとなった。

　具体的な BSE 対策は，後述する「牛海綿状脳症対策特別措置法」，「牛の個体識別のための情報の管理及び伝達に関する特別措置法」（牛肉トレーサビリティ法）などで対処している。

　食品安全基本法の下で創設された食品安全委員会の役割は，人に危害を与える食品，例えば異常型プリオン蛋白や，食中毒の原因となる動物由来の病原体である O-157，カンピロバクター，サルモネラなど（いずれも人獣共通感染症病原体）について人の健康へ与える影響（リスク）を科学的に評価すること（リスク評価）である。また，次の段階として意見交換（リスクコミュニケーション）を推進し，リスク管理機関（関係行政機関）における施策の実施に繋ぐ役割を担っている。

　食品安全基本法のほかにも，食品に起因する危害防止のための規制として，「食品衛生法」「と畜場法」「食鳥処理の事業の規制及び食鳥検査に関する法律」（食鳥検査法）などがあるが，「食品安全基本法」はそれらとは別に独立して科学的にリスク評価するための法律として位置付けられる。

9-2．重要な人獣共通感染症の予防と制御のための法律，および獣医師の役割

　厚生労働省が所管する「感染症法」と「狂犬病予防法」では，動物から人に直接感染する人獣共通感染症を動物の段階で監視しようとしている。したがって，いずれの法においても感染動物を診断あるいはその死体を検案した獣医師の届出義務が明記されている。届出先は，家畜保健衛生所ではなく，保健所長である（図 9-1）。これは，保健所が公衆衛生をつかさどる厚生労働省所管の業務を多数行っており，「感染症法」「狂犬病予防法」も厚生労働省所管だからである。

　なお，人獣共通感染症に類似した言葉で動物由来感染症や人畜共通感染症などがある。ニュアンスも微妙に異なるが，すべてズーノーシス zoonosis に由来すると思われる。この章では，一括して人獣共通感染症とする。

1．感染症法における獣医師の役割

　感染症法は人の感染症をその感染力や発症したときの重篤度にもとに，リスクの高い順に 1 類感染症（7 疾病），2 類感染症（5 疾病），3 類感染症（5 疾病），4 類感染症（42 疾病），5 類感染症（43 疾病）に分類し，さらに，新型インフルエンザ等感染症，指定感染症，新感染症の計 8 種類に分類している（表 9-1）。感染が発見された場合，その分類にしたがい様々な異なった措置（交通の制限，入院の勧告・措置，移送など）をとるように指定している。前述のとおり，感染症法で指定された疾病のなかには人獣共通感染症も含まれており，感染動物への対策と獣医師の役割も盛り込まれている。すなわち，感染症法で定める感染症のうちの，10 疾病を人に感染させるおそれが高い動物種とともに指定して（表 9-1，右欄），「獣医師は当該動物が感染又は感染の疑いがあると診断した場合は，最寄りの保健所長を経由して都道府県知事に届け出なければならない」としている（第 13 条　獣医師の届出）。ちなみに，医師は感染症法で定めるすべての感染症について，「患者又は無症状病原体保有者及び新感染症にかかっていると疑われる者を診断したときは，直ちに（5 類感染症の場合 7 日以内に）届け出なければならない」（第 12 条　医師の届出）とされている。

表 9-1 感染症法が定める疾病と獣医師が届出を義務付けられている疾病(動物種)
(感染症法施行令第 5 条)

	疾病名	左の疾病のうち獣医師の届出が義務付けられている疾病(動物種)
1 類感染症	(1) エボラ出血熱 (2) クリミア・コンゴ出血熱 (3) 痘そう (4) 南米出血熱 (5) ペスト (6) マールブルグ病 (7) ラッサ熱	(1) エボラ出血熱(サル) (5) ペスト(プレーリードッグ) (6) マールブルグ病(サル)
2 類感染症	(1) 急性灰白髄炎 (2) 結核 (3) ジフテリア (4) 重症急性呼吸器症候群 (病原体がコロナウイルス属 SARS コロナウイルスであるものに限る) (5) 鳥インフルエンザ(H5N1)	(2) 結核(サル) (4) 重症急性呼吸器症候群 (病原体がコロナウイルス属 SARS コロナウイルスであるものに限る)(イタチアナグマ、タヌキ、ハクビシン) (5) 鳥インフルエンザ(H5N1)(鳥類)
3 類感染症	(1) コレラ (2) 細菌性赤痢 (3) 腸管出血性大腸菌感染症 (4) 腸チフス (5) パラチフス	(2) 細菌性赤痢(サル)
4 類感染症	42 疾病	(2) ウエストナイル熱(鳥類) (4) エキノコックス症(犬)
5 類感染症	43 疾病	
新型インフルエンザ等感染症		新型インフルエンザ等感染症(鳥類)
指定感染症		
新感染症		

2. 狂犬病予防法における獣医師の役割

狂犬病ウイルスは人や犬をはじめ、多くの哺乳類に感染し致死性の神経症状を起こす。人が発症した場合、ほぼ100%の確率で死亡するとされる。世界で年間約5万人の死亡者がでているが、日本では1957年以降国内感染例はない。人の狂犬病は、感染した犬、猫、野生動物に咬まれたり引っ掻かれた傷口から感染する。狂犬病予防法では犬に対しては登録の規定、予防注射義務、輸出入検疫義務などが適応され、猫、あらいぐま、きつね、およびスカンクには輸出入検疫義務が適応されている(狂犬病予防法施行令第1条)(表9-2)。一方、感染症法では人の狂犬病は4類感染症に指定され、家畜伝染病予防法では牛、馬、めん羊、山羊、豚の狂犬病が法定伝染病に指定されている。

獣医師の届出義務として、「狂犬病にかかった犬等若しくは狂犬病にかかった疑いのある犬等又はこれらの犬等にかまれた犬等については、これを診断し、又はその死体を検案した獣医師は、直ちに、その犬等の所在地を管轄する保健所長にその旨を届け出なければならない」(第8条)とある(図9-1)。届出の対象動物は、犬のほかに、猫、あらいぐま、きつね、およびスカンクである(施行令第1条)。さらに隔離義務として、「犬等を診断した獣医師又はその所有者は、直ちに、その犬等を隔離しなければならない。ただし、人命に危険があって緊急やむを得ないときは、殺すことを妨げない」(第9条)とされている。

隔離した犬の取り扱いで注意しなければならないのが、殺害禁止として、「隔離された犬等は、狂犬病予防員の許可を受けなければこれを殺してはならない」(第11条)とされる点である。狂犬病予防員とは、都道府県職員の獣医師で都道府県知事に任命された者である。殺害を禁止する理由は、生きた状態で経過を観察することにより狂犬病の診断が容易になるためである。

表 9-2　狂犬病予防法による輸出入検疫義務動物
（狂犬病予防法第 7 条，同施行令第 1 条）

	犬	猫 あらいぐま きつね スカンク
登録制度	○	×
予防接種義務	○	×
輸出入検疫義務	○	○
獣医師の感染動物診断時の届出義務	○	○

9-3．家畜感染症の予防と制御のための法律と獣医師の役割

　農林水産省が所管している家畜衛生行政に関する法規は多い。そのなかで「家畜伝染病予防法」には獣医師の届出義務が明記されている。この項では，そのほかの特に重要な家畜感染症にかかわる法規を簡単に説明する。

1．家畜伝染病予防法における獣医師の役割

　家畜伝染病予防法は「畜産の振興を図ることを目的」としているが，産業動物の感染症を総合的に監視し制御しようとする，獣医衛生領域で最も基本となる重要な法律といえよう。その内容は，次の6章に分かれている。

　　第1章　総則 ─── 「家畜伝染病」，「届出伝染病」，「患畜」，「疑似患畜」の定義など。
　　第2章　家畜の伝染性疾病の発生の予防 ─── 届出，検査など。
　　第3章　家畜伝染病のまん延の防止 ─── 発生時の届出，殺処分，移動制限など。
　　第4章　輸出入検疫等 ─── 輸出入禁止・検疫する病原体・もの・動物など。
　　第5章　雑則
　　第6章　罰則

　この法の骨子は各章の副題で分かるとおり，家畜の感染症が流行する前の「予防」（第2章），流行を発見したあとの「まん延防止」（第3章），国内に侵入させない（または国外に広げない）ための検疫（第4章）となっている。まず第1章総則では，重要感染症を「家畜伝染病」（通称「法定伝染病」）（28疾病）と「届出伝染病」（71疾病）に定義し，それぞれ対象とする感染動物種を指定している（表9-3，表9-4）。「家畜伝染病」と「届出伝染病」はまとめて「監視伝染病」と呼ばれる。その理由は，都道府県知事が必要に応じてそれらの疾病の発生状況・動向調査など様々な監視を命ずることができるなど（第5条），監視によって早期の発見と対応が必要な疾病として位置付けているからである。

　獣医師の届出義務として，「届出伝染病，又は新疾病（既知の伝染性疾病と病状又は治療の結果が明らかに異なる疾病）にかかり，又はかかっている疑いがあることを発見したときは，遅滞なく，都道府県知事にその旨を届け出なければならない」としている（第4条の1および2）（図9-1）。

　ここで「かかり，又はかかっている疑いがある」動物とは，同法第2条でいう「患畜」「疑似患畜」と同等であるが，「疑似患畜」の定義が疾病によって異なることに注意が必要である。つまり，「疑似患畜」とは，次に掲げる8疾病以外の家畜伝染病では一般的な「患畜である疑いがある家畜」としているが，伝染性の強い8疾病（牛疫，牛肺疫，口蹄疫，狂犬病，豚コレラ，アフリカ豚コレラ，高病原性鳥インフルエンザ又は低病原性鳥インフルエンザ）については「病原体に触れたため，又は触れた疑いがあるため，患畜となるおそれがある家畜をいう」（第2条第2項）として，少しでも疑いのある段

表9-3　家畜伝染病（家畜伝染病予防法第2条）

	伝染病疾病の種類	家畜伝染病予防法による家畜	政令で定められている家畜
1	牛疫	牛、めん羊、山羊、豚	水牛、鹿、いのしし
2	牛肺疫	牛	水牛、鹿
3	口蹄疫	牛、めん羊、山羊、豚	水牛、鹿、いのしし
4	流行性脳炎	牛、馬、めん羊、山羊、豚	水牛、鹿、いのしし
5	狂犬病	牛、馬、めん羊、山羊、豚	水牛、鹿、いのしし
6	水胞性口炎	牛、馬、豚	水牛、鹿、いのしし
7	リフトバレー熱	牛、めん羊、山羊	水牛、鹿
8	炭疽	牛、馬、めん羊、山羊、豚	水牛、鹿、いのしし
9	出血性敗血症	牛、めん羊、山羊、豚	水牛、鹿、いのしし
10	ブルセラ病	牛、めん羊、山羊、豚	水牛、鹿、いのしし
11	結核病	牛、山羊	水牛、鹿
12	ヨーネ病	牛、めん羊、山羊	水牛、鹿
13	ピロプラズマ病（農林水産省令で定める病原体によるものに限る。以下同じ。）	牛、馬	水牛、鹿
14	アナプラズマ病（農林水産省令で定める病原体によるものに限る。以下同じ。）	牛	水牛、鹿
15	伝達性海綿状脳症	牛、めん羊、山羊	水牛、鹿
16	鼻疽	馬	
17	馬伝染性貧血	馬	
18	アフリカ馬疫	馬	
19	小反芻獣疫	めん羊、山羊	鹿
20	豚コレラ	豚	いのしし
21	アフリカ豚コレラ	豚	いのしし
22	豚水胞病	豚	いのしし
23	家きんコレラ	鶏、あひる、うずら	七面鳥
24	高病原性鳥インフルエンザ	鶏、あひる、うずら	きじ、だちょう、ほろほろ鳥、七面鳥
25	低病原性鳥インフルエンザ	鶏、あひる、うずら	きじ、だちょう、ほろほろ鳥、七面鳥
26	ニューカッスル病（病原性が高いものとして農林水産省令で定めるものに限る。）	鶏、あひる、うずら	七面鳥
27	家きんサルモネラ感染症（農林水産省令で定める病原体によるものに限る。以下同じ。）	鶏、あひる、うずら	七面鳥
28	腐蛆病	蜜蜂	

階から届け出なければならない疾患として位置付けている．さらに，平成23年の家畜伝染病予防法改正で，口蹄疫と高病原性・低病原性鳥インフルエンザについては，「患畜・疑似患畜の届出とは別に，一定の症状（39℃以上の発熱，水疱，死亡率の上昇など細かな症状が示されている）を呈している家畜を発見した場合，獣医師および家畜の所有者は，都道府県へ届出（都道府県は遅滞なく国へ報告）しなければならない」としている．

2．その他の重要な家畜感染症関連法規

　家畜伝染病予防法以外にも家畜の感染症を統御するための法規は多数あるが，そのなかで主要なものを概説する．

表 9-4　届出感染症（家畜伝染病予防法施行規則第 2 条）

	伝染性疾病の種類	家畜の種類		伝染性疾病の種類	家畜の種類
1	ブルータング	牛、水牛、鹿、めん羊、山羊	31	馬パラチフス	馬
2	アカバネ病	牛、水牛、めん羊、山羊	32	仮性皮疽	馬
3	悪性カタル熱	牛、水牛、鹿、めん羊	33	伝染性膿疱性皮膚炎	鹿、めん羊、山羊
4	チュウザン病	牛、水牛、山羊	34	ナイロビ羊病	めん羊、山羊
5	ランピースキン病	牛、水牛	35	羊痘	めん羊
6	牛ウイルス性下痢・粘膜病	牛、水牛	36	マエディ・ビスナ	めん羊
7	牛伝染性鼻気管炎	牛、水牛	37	伝染性無乳症	めん羊、山羊
8	牛白血病	牛、水牛	38	流行性羊流産	めん羊
9	アイノウイルス感染症	牛、水牛	39	トキソプラズマ病	めん羊、山羊、豚、いのしし
10	イバラキ病	牛、水牛	40	疥癬	めん羊
11	牛丘疹性口炎	牛、水牛	41	山羊痘	山羊
12	牛流行熱	牛、水牛	42	山羊関節炎・脳脊髄炎	山羊
13	類鼻疽	牛、水牛、鹿、馬、めん羊、山羊、豚、いのしし	43	山羊伝染性胸膜肺炎	山羊
14	破傷風	牛、水牛、鹿、馬	44	オーエスキー病	豚、いのしし
15	気腫疽	牛、水牛、鹿、めん羊、山羊、豚、いのしし	45	伝染性胃腸炎	豚、いのしし
16	レプトスピラ症（レプトスピラ・ポモナ、レプトスピラ・カニコーラ、レプトスピラ・イクテロヘモリジア、レプトスピラ・グリポティフォーサ、レプトスピラ・ハージョ、レプトスピラ・オータムナーリス及びレプトスピラ・オーストラーリスによるものに限る。）	牛、水牛、鹿、豚、いのしし、犬	46	豚エンテロウイルス性脳脊髄炎	豚、いのしし
			47	豚繁殖・呼吸障害症候群	豚、いのしし
			48	豚水疱疹	豚、いのしし
			49	豚流行性下痢	豚、いのしし
			50	萎縮性鼻炎	豚、いのしし
			51	豚丹毒	豚、いのしし
			52	豚赤痢	豚、いのしし
17	サルモネラ症（サルモネラ・ダブリン、サルモネラ・エンテリティディス、サルモネラ・ティフィムリウム及びサルモネラ・コレラエスイスによるものに限る。）	牛、水牛、鹿、豚、いのしし、鶏、あひる、七面鳥、うずら	53	鳥インフルエンザ	鶏、あひる、七面鳥、うずら
			54	低病原性ニューカッスル病	鶏、あひる、七面鳥、うずら
			55	鶏痘	鶏、うずら
			56	マレック病	鶏、うずら
			57	伝染性気管支炎	鶏
			58	伝染性喉頭気管炎	鶏
			59	伝染性ファブリキウス嚢病	鶏
18	牛カンピロバクター症	牛、水牛	60	鶏白血病	鶏
19	トリパノソーマ症	牛、水牛、馬	61	鶏結核病	鶏、あひる、七面鳥、うずら
20	トリコモナス症	牛、水牛	62	鶏マイコプラズマ病	鶏、七面鳥
21	ネオスポラ症	牛、水牛	63	ロイコチトゾーン病	鶏
22	牛バエ幼虫症	牛、水牛	64	あひる肝炎	あひる
23	ニパウイルス感染症	馬、豚、いのしし	65	あひるウイルス性腸炎	あひる
24	馬インフルエンザ	馬	66	兎ウイルス性出血病	うさぎ
25	馬ウイルス性動脈炎	馬	67	兎粘液腫	うさぎ
26	馬鼻肺炎	馬	68	バロア病	蜜蜂
27	馬モルビリウイルス肺炎	馬	69	チョーク病	蜜蜂
28	馬痘	馬	70	アカリンダニ症	蜜蜂
29	野兎病	馬、めん羊、豚、いのしし、うさぎ	71	ノゼマ病	蜜蜂
30	馬伝染性子宮炎	馬			

1）特定家畜伝染病防疫指針

　家畜伝染病予防法に基づき，特に重要な疾病についてはそれぞれに「特定家畜伝染病防疫指針」をつくり，疾病が発生した場合の具体的な措置を示している．特定家畜伝染病防疫指針を作成されているのは，
①口蹄疫，②牛海綿状脳症（BSE），③高病原性鳥インフルエンザ，④豚コレラ，⑤牛疫，⑥牛肺疫，

⑦アフリカ豚コレラの7疾病である．

　指針内容はそれぞれの疾病によって異なっているが，共通した内容としては，防疫の基本方針，異常家畜の発見から病性決定までの措置，発生地の防疫措置，通行制限，動物の移動・搬出制限，まん延収束後の感染源・感染経路の究明などがある．これらをマニュアル化して地方自治体が緊急時にも発動しやすくしてある．これら7疾病のうち，牛海綿状脳症を除く6疾病はともに伝染性の強い急性感染症であり防疫措置にも似たところがあるが，牛海綿状脳症は潜伏期が長く，同居牛への水平感染もないと考えられるため，その点で対処法もほかの疾病と大きく異なっている．

2）牛海綿状脳症対策特別措置法（BSE対策特別措置法）

　2001年に日本初のBSEが発生したあと，平成15年（2003年）には食品安全基本法が成立し，同年具体的なBSE対策の法として牛海綿状脳症対策特別措置法と牛肉トレーサビリティ法が成立した．この法律は，日本でのBSE対策の基本的な方針を示している．牛の肉骨粉を原料とする飼料利用の禁止，死亡牛の届出・検査，と畜場における検査，牛の個体情報の記録などについての方針や理念が示されている．個々の措置は個別の法律（例：飼料の安全性の確保及び品質の改善に関する法律，家畜伝染病予防法，牛海綿状脳症に関する特定家畜伝染病防疫指針，と畜場法など）により規制措置が講じられている．

3）牛の個体識別のための情報の管理及び伝達に関する特別措置法（牛肉トレーサビリティ法）

　食品のトレーサビリティとは，「食品の流通経路を追跡（trace）可能（ability）にすること」である．この法律は平成15年に制定され，「国産牛については，牛の出生から個体識別番号のついた耳標の装着を義務付け，と畜場（食肉処理場）で処理し，牛肉に加工し，小売店頭に並ぶ一連の履歴をその個体識別番号で管理し，取引のデータを記録し，閲覧可能にする」というシステムを定めたものである．

　この法は，BSEのまん延を防ぐ対策の一環で策定された．BSEはほとんどが1歳齢以下で感染し，数年の潜伏期を経て発症する疾病であるため，死亡牛ないしと畜場の解体牛から異常型プリオン蛋白が発見されても，感染ルートの解明や同じ餌を摂取したと疑われる牛（疑似患畜）を探し出すことは困難であった．しかし，この法によってそれが追跡可能となり，国内での異常型プリオン蛋白の撲滅や牛肉の安全性の確保につながっている．

9-4．動物検疫に関する法律

　人や動物の新興・再興感染症や悪性伝染病は，海外から侵入することが想定される．動物の感染症にかかわる重要な法律，すなわち「感染症法」「狂犬病予防法」「家畜伝染病予防法」はいずれも動物検疫を大きな柱としている．その業務を担う動物検疫所は，農林水産省の所管で「家畜伝染病予防法」の動物検疫業務も行うが，加えて厚生労働省が所管する「感染症法」「狂犬病予防法」に関する動物検疫も行っている．

　動物検疫は世界各国や国際機関との協調が不可欠である．178カ国・地域が加盟している国際機関である国際獣疫事務局（Office international des epizooties，OIE）は，動物衛生や人獣共通感染症に関する診断方法の国際基準の作成などを行い，OIE総会で採択された陸生動物衛生規約（陸生コード）（the Terrestrial Animal Health Code）は，防疫のための国際基準となっている．この規約のなかで各国は，重要疾病の発生や拡大の情報開示をOIEをとおして行うことが求められている．各国の動物検疫所は，OIEや別の国際機関である国連食糧農業機関（Food and Agriculture Organization，FAO）などから

表 9-5　感染症法による輸入禁止動物(感染症法第 54 条, 同施行令第 13 条)

人に感染するおそれがある感染症	指定動物
エボラ出血熱 マールブルグ病	サル
ペスト	プレーリードッグ
重症急性呼吸器症候群(SARS)	イタチアナグマ, タヌキ, ハクビシン
ニパウイルス感染症 リッサウイルス感染症等	コウモリ
ラッサ熱	ヤワゲネズミ

表 9-6　家畜伝染病予防法による輸入禁止地域と動物と物(家畜伝染病予防法施行規則第 43 条)

	偶蹄類の動物	偶蹄類の受精卵・精液	偶蹄類のソーセージ・ハム・ベーコン	偶蹄類の動物の肉・臓器	稲わら等
口蹄疫等悪性伝染病が発生するおそれがきわめて少ないと考えられる地域	輸入可能 (輸出国政府機関発行の検査証明書が必要)				検疫不要
発生のおそれを否定できない地域	輸入可能 (輸出国政府機関発行の検査証明書が必要)			輸入禁止 (注 1)	輸入禁止 (注 2)
上記以外の地域	輸入禁止		輸入禁止 (注 2)		

輸入禁止(注 1)　農林水産大臣または輸出国政府機関の指定した処理施設で一定の加熱処理がなされたものは輸入可能。
輸入禁止(注 2)　農林水産大臣の指定した処理施設で一定の加熱処理がなされたもので,輸出国政府機関発行の検査証明書のあるものに限り輸入可能。

(出典：輸入禁止地域と物. 動物検疫所)

の感染症情報をふまえて,輸入禁止などの迅速な検疫体制をとっている。
　複数の法律によって,輸入を禁止する動物や地域,検疫義務動物などが決められているので,ここでは主要なものを以下に挙げる。

1. 感染症法による輸入禁止動物

　感染症法では,感染症を人に感染させるおそれがある動物(指定動物)として,サル,プレーリードッグ,イタチアナグマ,タヌキ,ハクビシン,コウモリ,ヤワゲネズミを指定し輸入禁止している(第 54 条,施行令第 13 条)(表 9-5)。サルについては,特定の数カ国からのみ許可を得て輸入が可能になる場合がある。

2. 狂犬病予防法による輸出入検疫義務動物

　狂犬病予防法では,狂犬病を人に感染させるおそれがあるものとして,犬,猫,あらいぐま,きつね,およびスカンクを検疫対象動物としている(第 7 条,施行令第 1 条)(表 9-2)。なお,犬とそれ以外の猫,あらいぐま,きつね,およびスカンクでは取り扱いが若干異なっている(表 9-2)。

3. 家畜伝染病予防法による輸入禁止地域と動物と物

　家畜伝染病予防法では,家畜伝染病のうちでも伝染性の強い牛疫,口蹄疫,アフリカ豚コレラを対象疾病として,物と地域を特定して輸入禁止している。すなわち,世界の各地域を発生状況や防疫体制などにより 3 地域に分け,偶蹄類の動物,偶蹄類の受精卵・精液,偶蹄類のソーセージ・ハム・ベーコン,偶蹄類の動物の肉・臓器,稲わら等について,輸入禁止,輸入可能(輸出国政府機関発行の検査証明書が必要),検疫不要などの別々の措置を定めている(表 9-6)。

演習問題

第9章 疾病予防・制御に関する法規

9-1. 猫を狂犬病と診断した獣医師が，その発生を届け出る先はどれか。
　　a．保健所長
　　b．都道府県知事
　　c．市町村長
　　d．獣医師会会長
　　e．警察署長

9-2. 感染症法によって，獣医師が感染または感染の疑いがあると診断した場合，届け出なければならない感染症と動物の組み合わせで誤っているものはどれか。
　　1．結核（サル）
　　2．ペスト（プレーリードッグ）
　　3．ウエストナイル熱（馬）
　　4．ブルセラ病（牛，めん羊）
　　5．エキノコックス症（犬）

　　a．1, 2　　b．1, 5　　c．2, 3　　d．3, 4　　e．4, 5

9-3. 家畜伝染病予防法に基づき，「特定家畜伝染病防疫指針」を作成している疾病について正しい組み合わせはどれか。
　　1．マールブルグ病
　　2．アフリカ馬疫
　　3．ヨーネ病
　　4．牛海綿状脳症
　　5．口蹄疫

　　a．1, 2　　b．1, 3　　c．2, 3　　d．3, 4　　e．4, 5

9-4. 家畜伝染病予防法によって，家畜伝染病（法定伝染病）とされている疾病と家畜について正しい組み合わせはどれか。

1. 鼻疽　（馬）
2. 流行性脳炎　（牛，豚）
3. 悪性カタル熱　（馬，豚）
4. マレック病　（鶏）
5. 腐蛆病　（山羊）

a. 1, 2　　b. 1, 5　　c. 2, 3　　d. 3, 4　　e. 4, 5

解答：107 ページ

解　答

9-1. 正解　a
　　　解説：猫の狂犬病は狂犬病予防法（厚生労働省が所管）で獣医師の届出義務があるので保健所長に届け出なければならない。種々の動物の狂犬病に関しては，それぞれ次の場所に届け出る。
　　　1. 犬，猫，あらいぐま，きつね，およびスカンクの狂犬病は，狂犬病予防法（厚生労働省が所管）により，保健所長へ届け出なければならない。
　　　2. 牛，馬，めん羊，山羊，豚の狂犬病は，家畜伝染病予防法（農林水産省が所管）により，都道府県知事へ届け出なければならない。
　　　本文と図9-1を参照。

9-2. 正解　d
　　　解説：3. ウエストナイル熱は鳥類が感染していたときに届出が必要。
　　　4. ブルセラ病は人獣共通感染症である。感染症法では4類感染症であるが，獣医師の届出義務はない。牛，めん羊，山羊，豚のブルセラ病は，家畜伝染病予防法で法定伝染病に指定されている。
　　　　感染症法による獣医師の届出義務のある動物の感染症は，表9-1の右欄に記載されている。記載されている，人の10疾病の病原体が指定の動物種に「感染または感染の疑いがある」と診断した獣医師は，最寄りの保健所長に届け出なければならない。

9-3. 正解　e
　　　解説：「特定家畜伝染病防疫指針」がつくられているのは，現在，口蹄疫，牛海綿状脳症（BSE），高病原性鳥インフルエンザ，豚コレラ，牛疫，牛肺疫，アフリカ豚コレラの7疾病である。

9-4. 正解　a
　　　解説：家畜伝染病（法定伝染病）は1. 鼻疽，2. 流行性脳炎，3. 腐蛆病であるが，腐蛆病の対象は蜜蜂であり，山羊ではない。3. 悪性カタル熱と4. マレック病は届出伝染病である。さらに，3. 悪性カタル熱の対象動物は反芻動物（牛，水牛，鹿，めん羊）であり，馬，豚は対象動物ではない。表9-3と表9-4を参照。

第10章 獣医療関連書類作成方法

advance

一般目標：獣医師法に定められている診療簿，診断書，出産・死産証明書，死亡診断書，死体検案簿などの書類作成について修得する。

➡ **到達目標**
1）診療簿および診断書の記録を説明できる。
2）出産・死産証明書の作成について説明できる。
3）死亡診断書および死体検案簿について説明できる。
4）薬剤処方箋について説明できる。

➡ **学習のポイント・キーワード**
診断書，診療簿(録)，検案簿(録)，出産証明書，死産証明書，検案書，死亡診断書，診療施設開設届，健康診断書

10-1. 獣医療関連書類作成の意味

獣医師免許を取得し，獣医療にたずさわる者は，各種の書類を作成し提出する義務を課せられている。作成する書類の免許登録，開業の届出などは，獣医師法および獣医療法の定める形式にしたがい，当事者の申請によって特別な事情のない限り認可される。診断書，証明書は，獣医師による診療結果の証明であり，診療依頼者(所有者)の受益権であるといえる。

1. 診断書

記載事項に関して具体的な指示はない。一般的には，市販の診断書に受診依頼者(所有者)名，受診動物種，受診動物の名号，性，年齢などと，診断にかかわる事項を記入する。次いで診断日時(診断書の交付日付)，診療を担当した獣医師名の記入，捺印などにより構成される。図10-1に一般に大学で使用している診断書を示す。

2. 診療簿および検案簿

獣医師法第21条には，「診療簿及び検案簿」の規定がある。なお，電磁的記録も認めている。「簿」は簿冊でもよく，医療における「診療録」いわゆる「カルテ」とは異なる。実際に，ノート「簿冊」を診療記録簿として用いる獣医療施設もある。

1）診療簿の記載事項

診療簿には，少なくとも以下の事項を記載しなければならない，と定めている(獣医師法施行規則第11条)。

①診療の年月日
②診療動物の種類，性，年令(不明のときは推定年令)，名号，頭羽数及び特徴
③診療した動物の所有者又は管理者の氏名又は名称及び住所
④病名及び主要症状

ペット名			ちゃん				
犬 ・ 猫	品 種		体 重	kg	年 齢		歳
飼主名			様				

診　断　書

上記の家庭動物について、次のとおり診断します。

初診日	
発病日または受傷日	
診断年月日	
動物病院名	
所在地	
電話番号	
獣医師名	印

図 10-1　診断書

⑤りん告
⑥治療方法（処方及び処置法）

2) 検案簿の記載事項

検案簿には，少なくとも以下の事項を記載しなければならない，と定めている(獣医師法施行規則第11条第2項)。

①検案の年月日
②検案した動物の種類，性，年令(不明のときは推定年令)，名号，特徴並びに所有者又は管理者の氏名又は名称及び住所
③死亡年月日時(不明のときは推定年月日時)
④死亡の場所
⑤死亡の原因
⑥死亡の状態
⑦解剖の主要所見

参考として診療簿(診療録)は，一般に大学で使用している診療簿(図10-2，10-3)を，死亡診断書および死体検案書は，本学で演習に用いている死亡診断書・死亡検案書を示す(図10-4)。

しかし，日本の獣医学教育においては，検案事項としての死亡年月日の推定，死因，死後経過，検案解剖(司法解剖に類似し，病理解剖とは異なる)などについて，十分に修得しているとはいえない。臨床病理学などでの学習による補足が必要であろう。アメリカで出版されている法獣医学書の参考として，次の2冊を紹介しておく。

・John E Cooper, Margaret E Cooper. Introduction to Veterinary and Comparative Forensic Medicine. Wiley-Blackwell. Hoboken. 2007.
・Ranald Munro, Helen M C Munro. Animal Abuse and Unlawful Killing〔Forensic Veterinary Pathology〕. Saunders Elsevier. Maryland. 2008.

獣医療においても，損害保険の普及などにより，死亡診断書の必要性は増加する傾向にある。医療においては，診療時から24時間経過後に死亡した者は，死亡診断書ではなく死体検案書により死亡を証明する。しかし，獣医療にはその規定はない。

3. 出産証明書，死産証明書

これらの作成法に関する具体的な指示はないので，診断書，死亡診断書などを参考に構成することになるであろう。

4. 診療簿及び検案簿の保存期間

牛，水牛，しか，めん羊，山羊は8年間，他の動物は3年間とする(獣医師法施行規則第11条の2)。

5. 処方せん

獣医師法には，処方せんの交付義務が明示されていない。しかし，動物用医薬品等取締規則第169条には，「要指示医薬品の譲渡に関する帳簿」について，③のように処方せんの交付を定めている。

①販売し，又は授与した医薬品の品名及び数量
②医薬品を販売し，又は授与した年月日
③処方せんを交付し，又は指示した獣医師の氏名及び住所(飼育動物診療施設において診療に従事す

I.D. ナンバー_____ 初診 平成____年____月____日

飼　主　名_____　　　電話_____
住　　　所_____
ペット名_____　犬 猫 品種_____　その他_____　♂ ♀　体重____kg　年齢____歳
担当獣医師_____　_____

S：主観データ　　O：客観データ　　A：評価　　P：方針	検査および処置
日付・時間	

図 10-2　診療簿（参考例 1）

I.D.ナンバー_____	初診 平成___年___月___日
飼 主 名_____	電 話_____
住　　所 〒_____	
紹介獣医師_____ 電話_____	
ペット名_____ 犬 猫 品種_____ その他_____ ♂ ♀ 体重___kg 年齢___歳	
担当獣医師_____ _____ ___年___月___日生	

チェックポイント	りん告および現症
	T___℃　P(slow／norm／fast ___／min)　R(slow／norm／fast ___／min)
1　主　　　訴	
2　現 症 経 過	
3　既　往　症	
①内　　　科	
②ワ ク チ ン	
③外　　　科	
④外　　　傷	
4　飼 育 環 境	
5　食　　　餌	
6　特　　　記	
①一 般 状 態	
②皮　　　膚	
③眼・耳鼻咽喉	
④筋 骨 格 系	
⑤心 血 管 系	
⑥呼 吸 器 系	
⑦消 化 器 系	
⑧泌尿生殖器系	
⑨神　経　系	
	臨床所見　　　　N：正常　A：異常(1. 軽度　2. 中等度　3. 重度)
①一 般 状 態	N　・　A（1　2　3）
②皮　　　膚	N　・　A（1　2　3）
③眼・耳鼻咽喉	N　・　A（1　2　3）
④筋 骨 格 系	N　・　A（1　2　3）
⑤心 血 管 系	N　・　A（1　2　3）
⑥呼 吸 器 系	N　・　A（1　2　3）
⑦消 化 器 系	N　・　A（1　2　3）
⑧泌尿生殖器系	N　・　A（1　2　3）
⑨神　経　系	N　・　A（1　2　3）
⑩リ ン パ 節	N　・　A（1　2　3）

診断名（臨床診断）	（確定診断）

図 10-3　診療簿（参考例 2）

死亡診断書・死体検案書

所有者 依頼者				住所				
種類			生年月日	年　月　日　または生後年齢　　年　カ月齢				
名前			性別		毛色		体重	kg

死亡したとき	平成　　年　　月　　日　　午前・午後　　時　　分
死亡した場所 および種別	死亡場所　　　1 病院　　2 自宅　　3 その他
	名称

死亡の原因 I欄には最も死亡に影響を与えた傷病名を獣医学的因果関係の順番で書いてください。	I	(ア)直接死因		発症または受傷から死亡までの期間	
		(イ)(ア)の原因			
		(ウ)(イ)の原因			
	死亡に直接関係しないが前記の傷病経過に影響を及ぼした傷病名等				
	手術	1 無　2 有	部位および主要所見　　手術 　　　　　　　　　　年月日	昭和 平成	年　月　日
	解剖	1 無　2 有	主要所見		

死亡の種類	1　病死および自然死 　　外因死　不慮の外因死　 2 交通事故　3 転倒・転落　4 溺水　5 煙・火災・焔障害 　　　　　　　　　　　　　 6 窒息　7 中毒 　　その他の不詳の外因死　8 他殺　9 その他及び不詳の外因　10 不詳の死

死因の 追加事項	障害の発生	時	平成　　年　　月　　日　　午前・午後　　時　　分
		場所	1 住居　　2 野外　　3 道路　　4 その他
			都道　　　　　　　市　　　　　　　区 府県　　　　　　　郡　　　　　　　町村

伝聞または 推定情報	手段及び状況

出産早期に 死亡した場 合の追加事 項	出生時体重	単胎・多胎の別	胎児数	死亡数など
	g・kg	1 単胎　　2 多胎		
	妊娠・分娩時における母体の病態または異常		母の生年月日 昭和・平成　　年　　月　　日	
	前回までの妊娠に関する所見(病態や異常など)			

その他特記 すべき事項	(予防注射の種類・日時など)

上記のとおり診断(検案)する。　　　　　　　診断(検案)年月日　　　　　　平成　　年　　月　　日
　　　　　　　　　　　　　　　　　　死亡診断書(死亡検案書)発行年月日　平成　　年　　月　　日

診療施設の名称および所在地　　　　　獣医師
　　　　　　　　　　　　　　　　　　氏名　　　　　　　　　　　　　印

(案)日獣医大・関係法規講義　用途に応じて死亡診断書または死体検案書を横線で消す

図10-4　死亡診断書および死体検案書(参考例)

る獣医師にあっては，その氏名並びに飼育動物診療施設の名称及び所在地）
　④譲受人（飼い主）の氏名又は名称及び住所
　⑤処方せんの交付又は指示の対象となった動物の種類及び頭数

　医薬品の記載事項は，動物用医薬品取締規則第170条〜第181条ならびに第186条〜第188条に定めてある。
　ちなみに医師の処方せん交付および薬剤師による獣医師の処方せんに基づく調剤の概要は，次のとおりである。
　①医師の処方せん交付義務は医師法第22条に定め，処方せん記載事項は医師法施行規則第21条に，「患者の氏名，年齢，薬名，分量，用法，用量，発行の年月日，使用期間及び病院若しくは診療所の名称及び所在地又は医師の住所を記載し，記名押印又は署名しなければならない」と定めている。
　②薬剤師法第23条は，「薬剤師は医師，歯科医師又は獣医師の処方せんによらなければ，販売又は授与の目的で調剤してはならない」と定めている。また，第24条では処方せんの疑義について処方せんを交付した医師，歯科医師，獣医師に問い合わせ，疑わしい点を確かめる監視権を定めている。

（参考）
　医薬分業とは，医師，歯科医師，獣医師などが診察，診断を行い，医師，歯科医師，獣医師などの処方せんにより，薬剤師が調剤するシステムである。結果的に処方がオープンとなり，治療内容の透明化を期待した仕組みである。すでに外国では多くの国が医薬分業を実施している。日本でも広範に実施されるようになったが，まだ地域差がある。日本薬剤師会の推計によると，医薬分業は外来患者の約60％程度と報告されている。

6．診療施設の開設の届出
　診療施設の開設に関しては，獣医療法第3条〜第8条に定めてある。なお，診療施設の整備計画の変更については施行令第1条に，診療施設の開設の届出に関する詳細は施行規則第1条以降に規定されている。ここでは診療施設開設届を参考までに示す（図10-5，10-6，10-7）。

診療施設開設届(第1号様式)の記入上の注意

　記入に当たっては、開設届及び以下の注意事項を参考に該当する箇所すべてについて記入し、診療施設開設届は、開設後10日以内に届け出ること。

1　開設者の住所・氏名
　(1)　開設者が法人の場合には、法人代表者の氏名の記入は不要。代表者印の捺印は必要。
　(2)　開設者が個人の場合には、居住している住所と氏名を記入し、捺印は不要。
　(3)　法人の場合、代表者が獣医師免許の登録を有していても無に○を付すこと。

2　診療施設
　(1)　開設場所は、ビル等についてはその名称、階層等を記入すること。
　(2)　開設年月日は開設した日を記入すること(往診者も記入する)。

3　管理者(獣医師であること)
　(1)　管理者は、管理する診療施設に通える範囲内に住所地があること。
　(2)　一人の獣医師は、原則として1ヶ所の診療施設のみを管理する。
　(3)　獣医師免許症の写し〔裏書があれば両面の移し(A4に縮小)〕を添付する。獣医師登録年月日は、裏書があれば裏書の登録年月日を記入すること。
　　　(写しとの照合のため、免許証(原本)の確認を行います。)

4　診療の義務を行う獣医師(管理者以外の獣医師)
　(1)　研修獣医師等を含む診療に携わるすべての獣医師について記載すること。
　(2)　届出獣医師全員の獣医師免許症の写し〔裏書があれば両面の写し(A4に縮小)〕を添付すること。獣医師登録年月日は、裏書があれば裏書の登録年月日を記入すること。
　　　(写しとの照合のため、免許証(原本)の確認を行います。)

5　診療の業務の種類
　(1)　産業動物：牛、豚、馬、鶏、うずらが主要な診療対象動物である場合。
　(2)　小 動 物：犬、猫、小鳥が主要な診療対象動物である場合。
　(3)　そ の 他：上記以外は(　)内にフェレット、魚類、爬虫類等、対象を記入すること。

6　定款
　開設者が法人の場合は定款を添付すること。

7　最寄り駅からの案内図
　(1)　○線○駅と記入し、駅から診療施設までの地図(目印になる建物等)を記入すること。
　(2)　診療施設までバス利用の場合には、最寄り駅名とバス乗場番号、行先等を記入し、停留所から診療施設までの地図を記入すること。

8　構造設備の概要及び平面図
　(1)　建物の構造は、鉄筋コンクリート、木造、軽量鉄骨等記入すること。
　(2)　診療施設の面積は、㎡で記入すること。
　(3)　診療施設の平面図は、受付、診察室、X線室、手術室、入院室等を記入し、主な設備(診察台、X線装置、薬品棚、ケージ、検査機器等)を図面にプロットすること。
　(4)　逸走防止設備、伝染病等感染防止設備、消毒設備、調剤を行う施設及び手術施設等については有・無に○を付けること。

9　診療
　(1)　診療日は、月～土、無休等、診療時間はAm, Pm ○：○～○：○等と記入すること。
　(2)　診療費規定を定めている場合には、その写しを添付すること(記入例を参考)。

図10-5　診療施設開設届の記入上の注意(1)

診療施設開設届

年　　月　　日

知　事　殿

開設者　住所

氏名　　　　　　　　　　　　　　　　　　　　印
（法人にあっては、主たる事務所の所在地及びその名称）

獣医師免許の登録　　　（有・無）

電話番号

ファクシミリ番号

- 法人代表者の氏名は不要
- 法人は代表者印　個人は不要
- 法人は無に○

診療施設を開設したので、獣医療法第3条の規定により、次のとおり届け出ます。

診療施設	ふりがな　名　称	（往診者は不要）
	ふりがな　開設場所	郵便番号（ビルの名称，階層まで記入）
	電話番号	ファクシミリ番号
	開設年月日	年　　月　　日（往診者も記入）
管理者	ふりがな　氏　名	（ひとりの獣医師は原則として1カ所の診療施設のみを管理）
	ふりがな　住　所	郵便番号
	獣医師登録番号	第　　　　　号
	獣医師登録年月日	年　　月　　日（裏書がある場合は，裏書の登録年月）

診療の義務を行う獣医師	氏　名	獣医師登録番号	獣医師登録年月日
		号	年　月　日
		号	年　月　日
		号	年　月　日

（すべての獣医師）

診療の業務の種類（○で囲む。）	産業動物　・　小動物　・　その他（　　　）

注意事項
1　この届出は、診療施設開設後10日以内に行うこと。
2　開設者の印は、開設者が法人の場合に押印し、開設者が個人の場合は押印不要。
3　診療の業務を行う獣医師の棚には、診療に携わるすべての獣医師（代診を含む。）を記入すること。記入できない場合は、記入欄を補足するか、別紙として添付すること。
4　開設者が法人の場合は、定款を添付すること。

図10-6　診療施設開設届の記入上の注意(2)

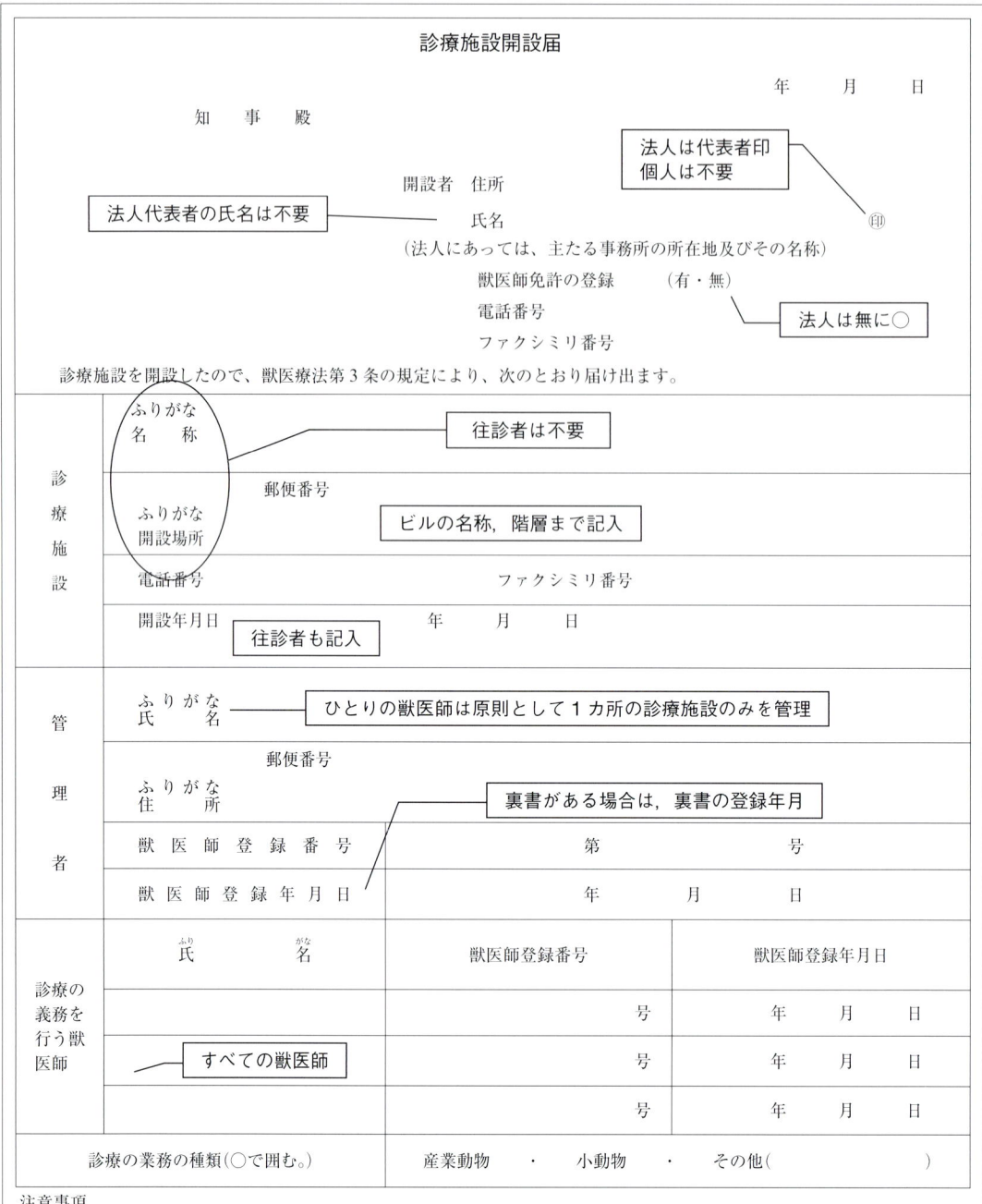

第 10 章　獣医療関連書類作成方法

最寄りの駅から診療施設までの案内図	（交通機関　　　駅下車徒歩　　　分）			

※バスを利用する場合，最寄駅名，バス乗車番号，行先停留所から診療施設までの地図

※受付，診察室，X線室，手術室，入院室，診察台，X線装置，薬品棚，ケージを記入

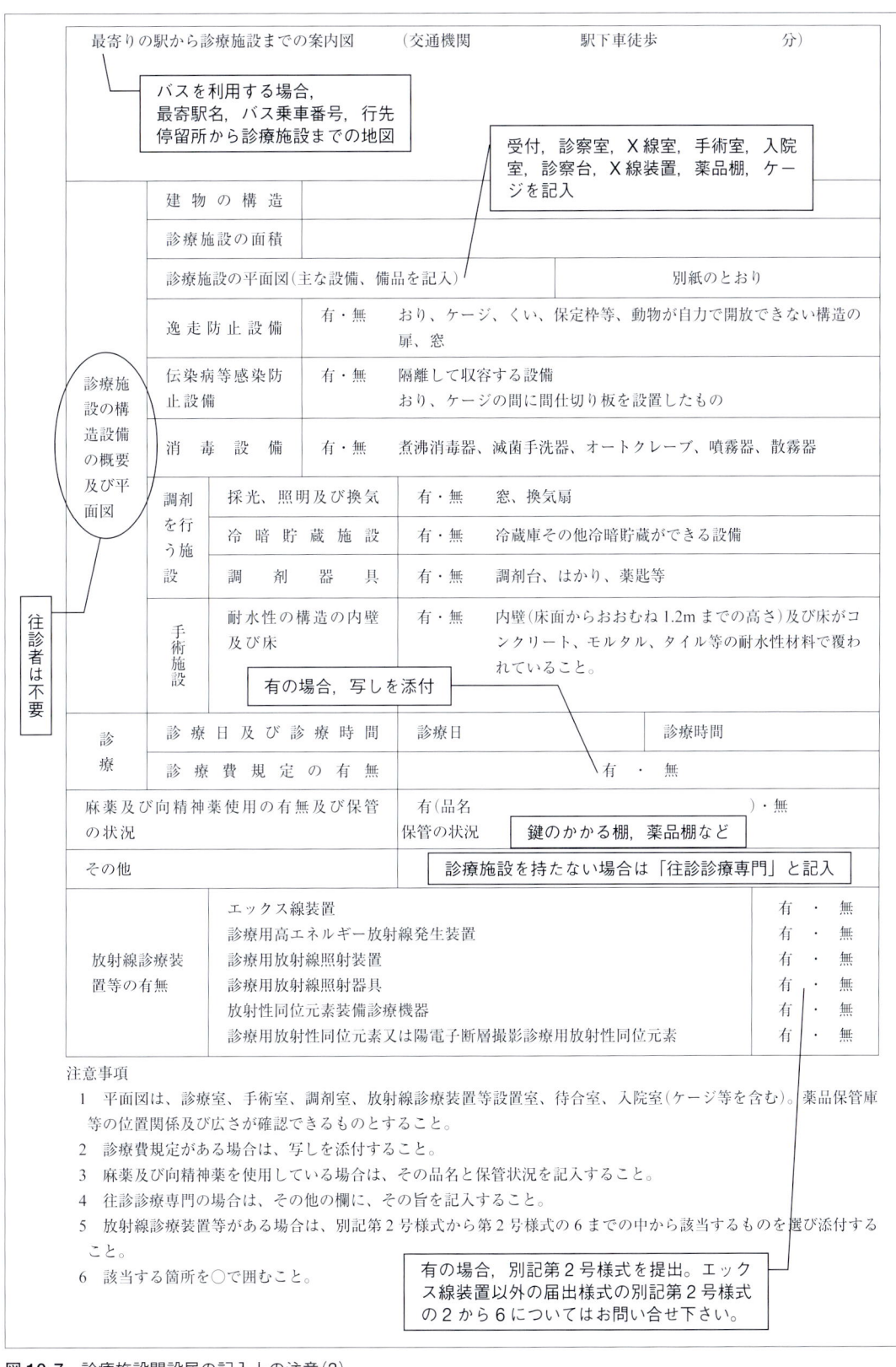

診療施設の構造設備の概要及び平面図	建物の構造			
	診療施設の面積			
	診療施設の平面図（主な設備、備品を記入）		別紙のとおり	
	逸走防止設備		有・無	おり、ケージ、くい、保定枠等、動物が自力で開放できない構造の扉、窓
	伝染病等感染防止設備		有・無	隔離して収容する設備 おり、ケージの間に間仕切り板を設置したもの
	消毒設備		有・無	煮沸消毒器、滅菌手洗器、オートクレーブ、噴霧器、散霧器
	調剤を行う施設	採光、照明及び換気	有・無	窓、換気扇
		冷暗貯蔵施設	有・無	冷蔵庫その他冷暗貯蔵ができる設備
		調剤器具	有・無	調剤台、はかり、薬匙等
	手術施設	耐水性の構造の内壁及び床	有・無	内壁（床面からおおむね1.2mまでの高さ）及び床がコンクリート、モルタル、タイル等の耐水性材料で覆われていること。
診療	診療日及び診療時間		診療日　　　　　診療時間	
	診療費規定の有無		有・無	
麻薬及び向精神薬使用の有無及び保管の状況			有（品名　　　　　　　）・無 保管の状況	
その他				
放射線診療装置等の有無	エックス線装置			有・無
	診療用高エネルギー放射線発生装置			有・無
	診療用放射線照射装置			有・無
	診療用放射線照射器具			有・無
	放射性同位元素装備診療機器			有・無
	診療用放射性同位元素又は陽電子断層撮影診療用放射性同位元素			有・無

※往診者は不要（診療施設の構造設備の概要及び平面図について）

※有の場合，写しを添付（手術施設）

※鍵のかかる棚，薬品棚など（保管の状況）

※診療施設を持たない場合は「往診診療専門」と記入（その他）

※有の場合，別記第2号様式を提出。エックス線装置以外の届出様式の別記第2号様式の2から6についてはお問い合せ下さい。

注意事項
1　平面図は、診療室、手術室、調剤室、放射線診療装置等設置室、待合室、入院室（ケージ等を含む）。薬品保管庫等の位置関係及び広さが確認できるものとすること。
2　診療費規定がある場合は、写しを添付すること。
3　麻薬及び向精神薬を使用している場合は、その品名と保管状況を記入すること。
4　往診診療専門の場合は、その他の欄に、その旨を記入すること。
5　放射線診療装置等がある場合は、別記第2号様式から第2号様式の6までの中から該当するものを選び添付すること。
6　該当する箇所を○で囲むこと。

図10-7　診療施設開設届の記入上の注意(3)

演習問題

第10章　獣医療関連書類作成方法

10-1．獣医療に関連する書類の記載事項を明示した，法規の正しい組み合わせはどれか．
1．診断書の記載事項は，獣医師法に明示されている．
2．診断書の記載事項は，獣医師法に明示されていない．
3．診療録及び検案録の記載事項は，獣医療法に明示されている．
4．診療録及び検案録の記載事項は，獣医師法施行規則に明示されている．
5．診断書及び診療簿並びに検案簿の記載事項は，「動物の愛護及び管理に関する法律」に明示されている．

a．1, 2　　b．3, 4　　c．1, 4　　d．2, 4　　e．4, 5

10-2．獣医師の処方せんに関連し，正しい組み合わせはどれか．
1．獣医師法に処方せん交付義務を定めている．
2．獣医療法に処方せん交付義務を定めている．
3．薬剤師法に獣医師の処方せん交付義務を定めている．
4．獣医師法には処方せんの交付義務を定めていない．
5．薬剤師法に獣医師の処方せんによる調剤を定めている．

a．1, 2　　b．2, 3　　c．3, 4　　d．2, 5　　e．4, 5

10-3．獣医療における診療施設の開設について，誤った記述はどれか．
a．開設して10日以内に所定の届出をする．
b．往診を主として開設することも可能である．
c．獣医師を管理者とすれば非獣医師でも開設できる．
d．放射線診療施設の設置は開設の必要条件である．
e．獣医療の診療施設は獣医師1人でも開設できる．

10-4．死体検案書の記載について，誤った記述はどれか．
a．死亡場所を記入する．
b．死亡原因を記入する．
c．死体検案書の対象死体は，最終診察後24時間以内とする．
d．死体の状態を記入する．
e．死体解剖の主要所見を記入する．

解答：119ページ

第 10 章　獣医療関連書類作成方法

解　答

10-1. 正解　d
解説：診断書に関しては，獣医師第 18 条に規定されているが，診断書の記載事項は，獣医師法には明示されていない。また，「動物の愛護及び管理に関する法律」（動物愛護管理法）にも記載されていない。獣医師法は第 21 条に「診療簿及び検案簿」と定め，施行規則第 11 条に記載事項を明示している。獣医療の領域では診療録および検案録とは定めていない。また，「動物愛護管理法」には獣医療に関する規定はない。

10-2. 正解　e
解説：獣医師法，獣医療法には獣医師による処方せんの交付義務を定めた規定はない。しかし，薬剤師法第 23 条は，獣医師の処方せんに関する調剤を定めている。しかし，要指示医薬品の譲渡について，動物用医薬品等取締規則第 169 条第 3 号に処方せんの交付を明示している。

10-3. 正解　d
解説：獣医療法第 3 条に診療施設の開設の届出を定めており，開設の日から 10 日以内に所轄する都道府県知事に農林水産省で定めた事項を届け出る。同法第 7 条に往診診療への適用が定めてある。同法第 5 条に診療所の管理者を定めている。診療所の開設条件に，放射線診療施設の設置は求められていない。開設時に必要な獣医師数は，特定されていない。

10-4. 正解　c
解説：獣医師法施行規則第 11 条第 2 項に，検案簿の記載事項 7 項目が示されている。そのうち，本問の c は該当しない。

索　引

【あ】

愛がん動物用飼料の安全性の確保に関する法律
　　（ペットフード安全法） …………………… 29
アイノウイルス感染症 ……………………… 102
アカバネ病 …………………………………… 102
アカリンダニ症 ……………………………… 102
悪性カタル熱 ………………………………… 102
亜硝酸根 ……………………………………… 93
アトリ科 ……………………………………… 35
アナプラズマ病 ……………………………… 101
あひる ………………………………………… 65
あひるウイルス性腸炎 ……………………… 102
あひる肝炎 …………………………………… 102
アフラトキシン ……………………………… 93
アフリカ豚コレラ …………………… 101, 103
アフリカ馬疫 ………………………………… 101
アメリカ獣医師会（AVMA） ………………… 82
あらいぐま …………………………… 27, 99

【い】

いえうさぎ …………………………………… 65
いえばと ……………………………………… 65
医師賠償責任保険 …………………………… 52
慰謝料 ………………………………………… 66
萎縮性鼻炎 …………………………………… 102
異常型プリオン蛋白 ………………… 98, 103
イタチアナグマ ……………………………… 104
一日摂取許容量（ADI） ……………………… 90
一日摂取耐容量（TDI） ……………………… 92
1類感染症 …………………………………… 98
一般事務管理 ………………………………… 57
一般法 ………………………………………… 19
遺伝子組換え食品 …………………………… 88
遺伝子組換え生物等の使用等の規制による生物の
　　多様性の確保に関する法律（カルタヘナ法） … 29
委任 …………………………………………… 55
委任契約 ……………………………………… 42
犬 ……………………………………… 35, 99
いのしし ……………………………………… 101
イバラキ病 …………………………………… 102
医薬分業 ……………………………………… 114
医療法 ………………………………………… 42
インフォームド・コンセント ……… 43, 56, 68

【う】

ウエストナイル熱 …………………………… 99
請負契約 ……………………………………… 55
兎ウイルス性出血病 ………………………… 102
兎粘液腫 ……………………………………… 102
牛 ……………………………………… 35, 101
牛ウイルス性下痢・粘膜病 ………………… 102
牛海綿状脳症（BSE） ……………… 88, 98, 103
牛海綿状脳症対策特別措置法 ……… 26, 103
牛カンピロバクター症 ……………………… 102
牛丘疹性口炎 ………………………………… 102
牛伝染性鼻気管炎 …………………………… 102
牛の個体識別のための情報の管理及び伝達に関す
　　る特別措置法（牛肉トレーサビリティ法） … 103
牛バエ幼虫症 ………………………………… 102
牛白血病 ……………………………………… 102
牛流行熱 ……………………………………… 102
うずら ………………………………………… 35
得べかりし損害 ……………………………… 63
馬 ……………………………………… 35, 101
馬インフルエンザ …………………………… 102
馬ウイルス性動脈炎 ………………………… 102
馬伝染性子宮炎 ……………………………… 102
馬伝染性貧血 ………………………………… 101
馬パラチフス ………………………………… 102
馬鼻肺炎 ……………………………………… 102
馬モルビリウイルス肺炎 …………………… 102

【え，お】

衛生管理責任者 ……………………………… 28
営利企業 ……………………………………… 52
エキノコックス症 …………………………… 99
エックス線診療室 …………………………… 44
エックス線装置 ……………………………… 45
エボラ出血熱 ………………………… 99, 104
欧州獣医学教育機関連合（EAEVE） ……… 83
応召義務 ……………………………… 37, 68
往診診療者 …………………………………… 43
オウム科 ……………………………………… 35
王立獣医師協会（RCVS） …………………… 83
オーエスキー病 ……………………………… 102

【か】

会計検査院 …………………………………… 15
開設者 ………………………………………… 43
疥癬 …………………………………………… 102
貝毒 …………………………………………… 93

カエデチョウ科	35	急性灰白髄炎	99
家きんコレラ	101	牛肺疫	101, 102
家きんサルモネラ感染症	101	狂犬病	27, 97, 101
閣議	15	狂犬病ウイルス	97
学説	12	狂犬病予防員	28, 99
拡張解釈	17	狂犬病予防法	27, 97, 99
覚せい剤取締法	26	強行法規	19
隔離義務	99	協定	14
学理的解釈	16	共同責任	66
過失責任	57	業務上過失致死傷	64
過失相殺	69	業務の独占	35
過失致死	64	協約	14
化製場等に関する法律	29	挙証責任	66
仮性皮疽	102	緊急事務管理	57
家畜共済	54	金銭賠償	67
家畜共済保険	53		
家畜伝染病	26, 97, 100	【く, け】	
家畜伝染病予防法	26, 96, 97, 100	クリミア・コンゴ出血熱	99
家畜防疫員	26, 50	刑事裁判	70
カドミウム	93	刑事責任	64
過料	16	鶏痘	102
環境衛生監視員	29	刑法	18
環境汚染物質	92	結核	99
環境基本法	29	結核病	101
監視伝染病	100	検案解剖	110
慣習	12, 18	検案書	36
慣習法	12, 16, 18	検案簿	37, 108
感染症の予防及び感染症の患者に対する医療に関する法律（感染症法）	27, 96	原因において自由な行動	63
		検疫法	29
患畜	100	健康食品	88
官報	13	健康増進法	89
管理区域	45	原告	70
管理継続業務	57	憲章	14
管理責任	67	原状回復	67
		憲法	19
【き】		権利	15
きじ	101		
疑似患畜	100, 103	【こ】	
気腫疽	102	抗菌性物質	91
規則	12, 15, 16	広告制限	50
期待権	69	皇室典範	12
記帳	48	公職選挙法	12
きつね	27, 99	公正取引委員会	15
議定書	14	厚生労働省	98
器物損壊罪	63, 65, 70	控訴	71
義務	15	公訴時効	67
牛疫	101, 102	口蹄疫	101, 102

高病原性鳥インフルエンザ 101, 102	飼育動物 35, 43
公布 13	鹿 101
公報 13	死産証明書 36, 110
公法 16, 19	死体検案書 110, 113
コウモリ 104	自治権 15
コーデックス委員会(CAC) 92	自治法規 15
コーデックス規格 92	七面鳥 101
国際獣疫事務局(OIE) 103	実効線量 45, 46
国税庁 15	実体法 19
告知 12	指定感染症 98
国籍法 12	耳標 103
国民の承認 13	ジフテリア 99
国連食糧農業機関(FAO) 92	司法解剖 110
誤診 64	私法 16, 19
個体識別番号 103	死亡診断書 110, 113
国会 14	謝罪広告 67
国会制定法 12	遮へい 45, 47
国会の発議 13	獣医師会 49
国会法 12	獣医師国家試験 34, 36
国家公安委員会 15	獣医師国家試験予備試験 82
雇用契約 55	獣医事審議会 48, 82
5類感染症 98	獣医師賠償責任保険 52
コレラ 99	獣医師賠償責任保険中央審議会 73
混合契約 55	獣医事紛争 62
	獣医師法 24, 34, 108
【さ】	獣医師法施行規則 37, 108
細菌性食中毒 97	獣医師法施行令 35, 37
細菌性赤痢 99	獣医師名簿 35
債権者 66	獣医師免許 35, 82
再興感染症 103	獣医療過誤 62, 68, 80
最高裁判所 15	獣医療広告 49
最高に善良なる管理者 64	獣医療広告ガイドライン 50
最大無作用量(NOEL) 90	獣医療事故 62, 69
裁判外紛争解決手続(ADR) 72	獣医療水準 69
裁判外紛争解決手続の利用の促進に関する法律	獣医療訴訟 75
（ADR法） 72	獣医療法 24, 42, 108
債務者 66	獣医療法施行規則 44
債務不履行 66, 69	獣医療法施行令 49
サル 104	重症急性呼吸器症候群(SARS) 99, 104
サルモネラ症 102	受益権 108
暫定基準値 92	縮小解釈 17
散乱線 45	主治医権 57
残留農薬基準 90	出血性敗血症 101
3類感染症 98	出産証明書 110
	出生証明書 36
【し】	主務大臣 15
シアン化合物 93	準委任 55

準委任契約	70		診療報酬請求権	56
少額訴訟制度	70, 71		診療用放射線	44
使用禁止期間	91			
称号	50		【す】	
使用者責任	66		水牛	37, 101
照射野	45		水銀	93
小反芻獣疫	101		水胞性口炎	101
消費者委員会	89		スカンク	27, 99
消費者庁	89		スズ	93
消費者庁及び消費者委員会設置法	89			
条約	13		【せ, そ】	
条理	12, 18		制定法	18
省令	12, 15, 18		成年被後見人	35
条例	12, 15, 18		成文法	12, 14, 18
食中毒	98		成文法主義	16
食鳥検査員	26		政令	12, 14, 18
食鳥処理衛生管理者	26		世界保健機関（WHO）	92
食鳥処理の事業の規制及び食鳥検査に関する法律			セカンド・オピニオン	56
（食鳥検査法）	26		施行	13
食品安全委員会	88, 96		説明義務	77
食品安全基本法	29, 88, 97		潜伏期	98
食品衛生監視員	28		善良なる管理者としての注意義務	56
食品衛生管理者	28		損害賠償	66, 69
食品衛生行政	88			
食品衛生法	28, 90		【た】	
食品添加物	28, 88, 90		代理同意	55
食品，添加物等の規格基準	91		立入検査	44
処方せん	110, 114		だちょう	101
飼料添加物	91		タヌキ	104
飼料の安全性の確保及び品質の改善に関する法律			炭疽	101
（飼料安全法）	27, 91			
指令 2005/36/EC	82		【ち】	
新型インフルエンザ等感染症	98		地域保健法	28
新感染症	98		地方公共団体	15
新興感染症	103		地方自治法	12, 19
親告罪	65		注意義務	64
人事院	15		チュウザン病	102
新疾病	100		懲役	16
人獣共通感染症	96, 98		腸管出血性大腸菌感染症	99
心神喪失	63		腸チフス	99
診断書	109		チョーク病	102
人畜共通感染症	98			
審理	74		【つ, て】	
診療依頼者	108		通達	12
診療施設	43		低病原性鳥インフルエンザ	101
診療施設開設届	115		低病原性ニューカッスル病	102
診療簿	37, 108, 111		ディルドリン	93

123

デオキシニバレノール ……………………… 93
適用 …………………………………………… 13
手数料 ………………………………………… 82
手続法 ………………………………………… 19
電磁的記録 …………………………………… 108
伝染性胃腸炎 ………………………………… 102
伝染性気管支炎 ……………………………… 102
伝染性喉頭気管炎 …………………………… 102
伝染性膿疱性皮膚炎 ………………………… 102
伝染性ファブリキウス嚢病 ………………… 102
伝染性無乳症 ………………………………… 102
伝染病予防法 ………………………………… 96
伝達性海綿状脳症 …………………………… 101

【と】
等価線量 ……………………………………… 46
痘そう ………………………………………… 99
動物損害補償保険 …………………………… 53
動物の愛護及び管理に関する法律（動物愛護管理
　法） ……………………………………… 29, 65
動物薬事監視員 ……………………………… 25
動物由来感染症 ……………………………… 98
動物用医薬品 ……………………………… 88, 91
動物用医薬品等取締規則 …………………… 110
動物用医薬品の使用の規制に関する省令 … 25
トキソプラズマ病 …………………………… 102
特定外来生物による生態系等に係る被害の防止に
　関する法律（外来生物法） ……………… 29
特定家畜伝染病防疫指針 ………………… 97, 102
特別法 ………………………………………… 19
特約 …………………………………………… 56
と畜検査員 …………………………………… 28
と畜場法 ……………………………………… 28
都道府県計画 ………………………………… 49
都道府県知事 ………………………………… 98
届出感染症 …………………………………… 102
届出義務 ………………………………… 37, 68, 98
届出伝染病 ……………………………… 26, 97, 100
鳥インフルエンザ ………………………… 99, 102
トリコモナス症 ……………………………… 102
トリパノソーマ症 …………………………… 102
豚コレラ ………………………………… 101, 102
豚丹毒 ………………………………………… 102

【な】
内閣総理大臣 ………………………………… 15
内閣府 …………………………………… 88, 97

内閣府令 ……………………………………… 15
内閣法 ………………………………………… 12
ナイロビ羊病 ………………………………… 102
鉛 ……………………………………………… 93
南米出血熱 …………………………………… 99

【に】
肉骨粉 ……………………………………… 98, 103
日本政策金融公庫 …………………………… 49
ニパウイルス感染症 …………………… 102, 104
日本国憲法 ……………………………… 12, 13
乳及び乳製品の成分規格等に関する省令（乳等省
　令） ……………………………………… 90, 91
ニューカッスル病 …………………………… 101
尿毒症 ………………………………………… 73
2類感染症 ……………………………………… 98
鶏 ……………………………………………… 35
鶏結核病 ……………………………………… 102
鶏白血病 ……………………………………… 102
鶏マイコプラズマ病 ………………………… 102
任意法規 ……………………………………… 19
認証評価制度 ………………………………… 83

【ね】
ネオスポラ症 ………………………………… 102
ネガティブリスト制度 ……………………… 90
猫 ………………………………………… 35, 99

【の】
農業共済 ……………………………………… 54
農業共済組合連合会 ………………………… 49
農業共同組合 ………………………………… 49
農業災害補償法 ……………………………… 53
農産物の自由化 ……………………………… 92
農薬 …………………………………………… 90
農薬取締法 …………………………………… 91
農林水産省 ……………………………… 44, 96
ノゼマ病 ……………………………………… 102

【は】
廃棄物の処理及び清掃に関する法律（廃棄物処理
　法） ………………………………………… 29
賠償責任 ……………………………………… 52
ハクビシン …………………………………… 104
破傷風 ………………………………………… 102
罰則 ……………………………………… 15, 51
馬痘 …………………………………………… 102

パラチフス	99
バロア病	102
反対解釈	17
判例法	12, 18

【ひ】

PCB	93
被疑者	70
被告	70
ヒ素	93
鼻疽	101
羊痘	102
被ばく	46
ピロプラズマ病	101
病畜	90
病理解剖	110

【ふ, へ】

副作用	25
腐蛆病	101
豚	35
豚エンテロウイルス性脳脊髄炎	102
豚水疱疹	102
豚水胞病	101
豚赤痢	102
豚繁殖・呼吸障害症候群	102
豚流行性下痢	102
不文法	12, 18
不法行為	66
ブルセラ病	101
ブルータング	102
プレーリードッグ	104
文理解釈	17
ペスト	99, 104

【ほ】

防カビ剤	92
法規的解釈	16
法源	18
法獣医学	110
放射線障害	47
放射線診療従事者	46
放射線測定器	46
放射線防護の基本原則	47
法定伝染病	97, 100
法的拘束力	18
法の段階	18
法の適用に関する通則法	13
北米獣医師免許試験（NAVLE）	82
保健衛生指導	37
保険金	52
保健所長	98
ポジティブリスト制度	90
ほろほろ鳥	101

【ま】

マールブルグ病	99, 104
マエディ・ビスナ	102
麻薬及び向精神薬取締法	26
マレック病	102

【み, む】

未承認医薬品	25
未成年者	35
民事裁判	70
民事執行法	19
民事責任	66
民事訴訟	73
民事訴訟法	19
民事調停	70, 72
無過失責任	67
無契約診療	57
無症状病原体保有者	98

【め, も】

名称の独占	35
命令	14
めん羊	35, 101
黙示の特約	57
勿論解釈	17

【や】

山羊	35, 101
山羊関節炎・脳脊髄炎	102
山羊伝染性胸膜肺炎	102
山羊痘	102
薬剤師法	114
薬事監視員	29
薬事・食品衛生審議会	90
薬事法	25
野犬	97
野兎病	102
ヤワゲネズミ	104

【ゆ】
輸出入検疫義務 …………………………………… 99
輸入禁止地域 ……………………………………… 104
輸入禁止動物 ……………………………………… 104

【よ】
容疑者 ……………………………………………… 70
ヨーネ病 …………………………………………… 101
予防注射義務 ……………………………………… 99
4類感染症 ………………………………………… 98

【ら】
ラッサ熱 ……………………………………… 99, 104
ランピースキン病 ………………………………… 102

【り】
陸生動物衛生規約(陸生コード) ………………… 103
リスクコミュニケーション ………………… 89, 98
リスク管理 …………………………………… 89, 98
リスク評価 ……………………………… 88, 97, 98
リッサウイルス感染症 …………………………… 104
リフトバレー熱 …………………………………… 101
流行性脳炎 ………………………………………… 101
流行性羊流産 ……………………………………… 102
臨床研修 ……………………………………… 36, 37
臨床病理学 ………………………………………… 110

【る】
類推解釈 …………………………………………… 17
類鼻疽 ……………………………………………… 102

【れ，ろ】
レプトスピラ症 …………………………………… 102
ロイコチトゾーン病 ……………………………… 102
漏えい放射線 ……………………………………… 47
論理解釈 …………………………………………… 17

■監修者プロフィール

池本　卯典（いけもと　しげのり）

医学博士。博士（法学・CPU）。

1929年鳥取県生まれ。専修大学法学部卒，日本獣医畜産大学（現・日本獣医生命科学大学）獣医学科卒，東京女子医科大学医学研究科（旧制）修了。東京大学研究生，科学警察研究所主任研究官，科学技術庁在外研究員，クワキニ医学研究所留学を経て，1981年自治医科大学教授（現・名誉教授）。1999年より日本獣医生命科学大学学長。日本医科大学理事，専修大学評議員等を務める。日本比較臨床医学会理事長，日本獣医学会学術集会会長（2回），獣医師会獣医事審議会委員，獣医事対策委員会委員，医大・島根県その他公立病院倫理委員等を歴任。専攻は法医学・人類遺伝学・比較医事法学。

吉川　泰弘（よしかわ　やすひろ）

農学博士。

1946年長野県飯田市生まれ。東京大学畜産獣医学科卒，同大学大学院農学系研究科獣医博士課程修了。厚生労働省国立予防衛生研究所入所後，西独ギーセン大学ウイルス研究所留学を経験。1980年東京大学医科学研究所助手。その後同大学講師，助教授を経て，1991年国立予防衛生研究所筑波医学実験用霊長類センター長。1997年東京大学大学院農学生命科学研究科教授（獣医学専攻）。定年後，北里大学獣医学部教授を経て，現在千葉科学大学副学長・危機管理学部教授。毒性学，実験動物学，免疫学，人獣共通感染症学，家禽疾病学，危機管理学等を担当。

伊藤　伸彦（いとう　のぶひこ）

獣医学博士。

1947年福島県郡山市生まれ。東京農工大学獣医学科卒。約2年間公務員獣医師を経験後，東京都立アイソトープ総合研究所に10年間勤務。1983年から北里大学獣医学科に勤務し1994年同大学獣医学科教授。北里大学獣医学部附属動物病院長，獣医学部長等を歴任し，現在北里研究所理事，北里大学副学長。専攻は獣医放射線学であるが，農林水産省獣医事審議会免許部会会長や日本獣医師会獣医師道委員長の経験から，獣医倫理や動物福祉に関する科目を長年担当している。

獣医学教育モデル・コア・カリキュラム準拠
獣医事法規

2013年6月30日　第1刷発行©

監修者	池本　卯典，吉川　泰弘，伊藤　伸彦
発行者	森田　猛
発行所	株式会社 緑書房 〒103-0004 東京都中央区東日本橋2丁目8番3号 TEL　03-6833-0560 http://www.pet-honpo.com
印刷所	株式会社 アイワード

ISBN 978-4-89531-043-7　Printed in Japan
落丁，乱丁本は弊社送料負担にてお取り替えいたします。

本書の複写にかかる複製，上映，譲渡，公衆送信（送信可能化を含む）の各権利は株式会社緑書房が管理の委託を受けています。

JCOPY〈㈳出版者著作権管理機構 委託出版物〉

本書を無断で複写複製（電子化を含む）することは，著作権法上での例外を除き，禁じられています。
本書を複写される場合は，そのつど事前に，㈳出版者著作権管理機構（電話03-3513-6969，FAX03-3513-6979，e-mail：info@jcopy.or.jp）の許諾を得てください。
また本書を代行業者等の第三者に依頼してスキャンやデジタル化することは，たとえ個人や家庭内の利用であっても一切認められておりません。